普天間飛行場、どう取り戻す？

対立か協調かの選択肢

元沖縄担当大使
橋本 宏
HASHIMOTO Hiroshi

はじめに

普天間飛行場の全面返還とその代替施設の辺野古への移設・建設問題（以下「普天間・辺野古問題」）を巡って、近年、沖縄県と政府は厳しい対立関係にある。

故翁長雄志前知事は「辺野古新基地」阻止の動きを活発に展開したが、任期の途中で病没した。後継者の玉城デニー現知事は「新基地」建設反対の路線を踏襲し、「安倍一強時代」とも言われる自民党と公明党の連立政権は、軟弱地盤など新たな問題に直面しつつも、全体として〝粛々と〟辺野古沿岸水域の埋立て計画を進めている。

筆者は、3年ほど前、母校の一橋大学で、友人の口添えから卒業生対象の定期講演会で講演を行う機会を与えられた。その際に、かつて沖縄担当大使として那覇の外務省沖縄事務所に勤務していたときから関心を抱いていた、「米軍基地に対する沖縄県民の歴史認識」をテーマに選んで講演した（一般社団法人霞関会のホームページ掲載の筆者の寄稿「米軍基地問題に対する沖縄県民意識」参照）。

筆者は、日本の安全保障政策や日米安全保障条約の運用を直接取り扱う外務本省担当部局に配属されたことはなかったが、外務省勤務の40年間、旧ソ連や英国、米国、ニュージーランド、シンガポール、マレーシアといった国々の日本大使館勤務を通じて、日本の安全保障政策に関わる情勢分析や本省への政策提言に関与してきた。また、外務本省でも政府が「70年安保」問題に取り組んでいたときに情報文化局国内広報課で安保広報に携わったこと、外務報道官の任にあったときに主として外国プレスの人たちに日本の安保政策について随時説明していたこと、そして、2年間ほどの那覇在勤のときに地位協定の運用の現場体験をしたことなど、外務省勤務を通じて安全保障問題をフォローしてきた。

外務省を退官して12年間ほど沖縄問題から遠ざかっていたこともあり、前述の講演を契機に、書店に並ぶ沖縄関連の本を多く買い込んだり、沖縄の地元新聞を定期購読したりして、沖縄米軍基地問題について改めてあれこれ考え始めた。

そして間もなく、これらの本の大半は、沖縄の歴史的体験を重視し、政府の「辺野古新基地」建設を強く批判するものであること、また、歴代政府は、普天間飛行場の全面返還を含む1996年のSACO（沖縄に関する特別行動委員会）最終報告の公表以降、日本の安全保障、県民の米軍基地負担、沖縄の歴史問題などの諸課題をきちんと整理した上で、辺野古移設・建設問題を包括的に説明する努力に欠いていたことに気づいた。

普天間・辺野古問題には長い経緯があり、様々な課題が入り組んでいる。沖縄米軍基地問題全体の中での普天間・辺野古問題の位置づけを理解することは、部外者には非常に難しい。加えて、近年、政府側と沖縄側は、相互に歩み寄りの姿勢を示さず、自らの立場・主張を繰り返すだけであり、メディアの報道でも対立面ばかりが目立っている。本土の人たちは、こうした状況が延々と続くことに、いわば諦めの気持ちを持ってしまい、かえって普天間・辺野古問題から目をそらせるようになっている。

筆者は、こうした状況を長く放置するべきではないと思い、数人の友人たちとともに沖縄米軍基地問題を巡って、政府と沖縄県の間に存在する大きな溝及びその背景を整理して一般の方々の参考に供することを思い立ち、インターネットを使って、ボランティアベースで啓発活動を開始した（沖縄歴史認識懇話会ホームページ参照）。

啓発活動を約2年間行ってみて、政府と沖縄県双方の立場の違いを取り上げて説明するだけでは、沖縄の米軍基地問題に対する一般の方々の関心を高めるのは難しいことがよく分かった。

啓発活動を終了するに当たり、友人たちから、普天間・辺野古問題の本質について自ら思うことを直接本にまとめて書くように強く勧められた。筆者はその気持ちを嬉（うれ）しく思ったが、普天間・辺野古問題は政治的に極めて機微な問題であり、どのような視点からこの問題の本質に迫れば適切かについて、しばらくの間、迷い続けた。最終的には、１９７２年の沖縄返還時に「本土並みの基地負担軽減」を強く求めた沖縄県民の願望と、１９９６年2月のサンタモニカ日米首脳会談において、橋本総理大臣が「普天間飛行場」返還を求める沖縄県民の声をクリントン大統領の耳に入れたこと、この二つの史実を柱にして筆を進める決心がついた。

さて、限られた紙面において、普天間・辺野古問題の全体像を時系列的に簡潔に取りまとめることは非常に難しい。

そこで、筆者の個人的な体験を踏まえ、「普天間飛行場はいつ返還されるのか」という問いを立て、普天間・辺野古問題の発端から説明を始めることにした。続いて、沖縄県内で大きく取り上げられている「民意」及び日米地位協定の運用という個別の課題を取り上げることにした。そして、本書後半で、沖縄の歴史問題との関連を踏まえつつ、本書のメインテーマともいえる日米安全保障体制と普天間・辺野古問題との絡みについて考察を行い、「普天間飛行場をどう戻すか」について提言する、という構成にした。

本書全体の流れは、序章「普天間を言うんだよね?」、第六章「普天間・辺野古問題の本質に迫る」及び終章「『本土並み基地負担』の実現に向けて」の三か所で掴める(つか)ようにしたつもりである。第一章から第五章までは、「民意」、日米安保体制、沖縄の歴史問題といった課題に沿って、普天間・辺野古問題を考察している。これらは多分に資料的な性格を帯びている。

なお本書では、1996年のサンタモニカの日米首脳会談以来、普天間・辺野古問題について、政府と沖縄県の公的な立場にある人たちが行った対外発言、及び、政府と沖縄県が公的に取った諸措置を主な分析対象としている。分析に当たっては、多種多様な政府内外の既刊行物や全国紙、沖縄県の地元紙などのいわゆる公開情報、かつて公職に就いていた人たちの回顧録、オーラルヒストリー集や普天間・辺野古問題に関連する民間専門書、研究書、評論を参考にした(文献リストは本書の最後に掲載)。

目次

普天間飛行場、どう取り戻す？——対立か協調かの選択肢

第四章　日米安保体制を巡って

第五章　沖縄の歴史問題

第六章　普天間・辺野古問題の本質に迫る

終章　「本土並み基地負担」の実現に向けて

序章　「普天間を言うんだよね?」

橋本・モンデール会談（1996年4月12日）
会談後、共同会見する橋本龍太郎首相（左）とモンデール駐日米大使（右）（東京・総理官邸）<写真：時事>

第一節　発端

１９９６年2月23日、橋本龍太郎総理大臣は、総理就任後初のクリントン米大統領との首脳会談に臨むため、政府専用機で羽田空港を離陸し、アメリカに向かった。

そのとき、外務報道官として現地での外国プレス対策の任を与えられた筆者は、機内の随行者の席に座っていた。

政府専用機が水平飛行に移って間もなく、総理秘書官から「打ち合わせを兼ねた総理との非公式懇談に出るように」との伝言が届けられ、外務省の同僚（注1）とともに総理のスイートに赴いた。総理大臣のほか、随行の官房副長官を入れて四人の夕食懇談であった。

首脳会談の中身については、すでに東京で総理ブリーフィングが何度か行われたこともあって、機内では、サンタモニカでクリントンと会談する際の段取りや広報面を中心に、打ち合わせが進められた。和やかな雰囲気のもと、クリントンの人柄や仕事の仕方などの話に花が咲く中、日米関係のさらなる発展のためには、かつての「ロン・ヤス関係」のように緊密な「ビル・リュウ関係」を日米首脳間に構築していくことが望ましく、そのためにはどのようなことに留意すべきかといったことにも話題が及んだ。

懇談も終わりに近づいた頃、総理は独特のいたずらっぽい顔をしながら、突然「普天間を言うんだよね？」と述べた。

総理のこの発言に対し、同席した外務省同僚は、クリントン大統領の反応を気にしたのか、普天間を首脳会談の話題にすることに慎重な姿勢を示した。総理はニコニコしながら黙ってそれを聞いたまま懇談会は終わった。

筆者は、普天間飛行場の問題については、担当の北米局から事前にブリーフィングを受けていなかった。同僚の反応から、普天間のことは事務的に米側と十分な打ち合わせが行われたものではないように感じ、少々心配になった。

筆者にとって、これが米海兵隊普天間飛行場返還問題と関わる最初の機会となった。

翻って前年の1995年9月4日、沖縄県内で米海兵隊員3名が12歳の少女を暴行する凶悪事件が発生した。沖縄の日本復帰後、米軍関係者による事件・事故の発生件数は、増減を繰り返しながらも1977年頃から徐々に減少していった。特に凶悪犯罪の発生件数が急速に減少していたこともあり（注2）、この少女暴行事件の発生は沖縄県や日米両政府を驚愕（きょうがく）させた。

（注1）折田正樹外務省北米局長

（注2）沖縄県基地対策課著「沖縄の米軍及び自衛隊基地（統計資料集）」（2018年3月発行）掲載の沖縄県警察本部資料。

9月8日に沖縄県警察本部は、容疑者の身柄引き渡しを米軍に求めたが、先方は、日米地位協定の規定に基づき、「起訴されるまでは身柄を引き渡すことはできない」として、この求めを拒んだ。

またたく間に沖縄の人たちにフラッシュバックが起きた。沖縄戦の悲劇、戦争後の米国の占領及びサンフランシスコ平和条約後の米国施政権下で繰り返された米軍関係者による凶悪犯罪・重大事故、容疑者や犯人の無罪帰国、被害者の泣き寝入りなどなどの記憶がたちまちよみがえった。積み重なっていた沖縄県民の恨みつらみは、短期間で「マグマ」となって高まり、爆発へ（注3）と向かっていった。大規模な抗議運動が起こり、急速に反米軍基地運動へと発展していった。

10月21日、宜野湾（ぎのわん）市海浜公園で「米軍人による少女乱暴事件を糾弾し、日米地位協定の見直しを要求する沖縄県民総決起大会」が行われ、主催者側発表で8万5000人の人たちが集まった。この当時、北朝鮮の核疑惑などを巡って朝鮮半島情勢が緊迫化し、日米両政府間では、アジア太平洋地域における日米安保同盟のあり方を再評価するための協議が頻繁に行われていた。河野洋平外務大臣は、少女暴行事件に迅速に対処するため、ウォルター・モンデール駐日米大使との間で協議を行った。

そして11月19日、APEC首脳会議出席のために来日したアル・ゴア米国副大統領と村山富市総理大臣の会談で、「沖縄に関する特別行動委員会（SACO）」と呼ばれる新たな協議機関の設置が合意された（注4）。また、村山内閣は沖縄に関連する基本的な政策に関して、政府と県が直接協議できる新たな場（のちの「沖縄政策協議会」）の設置についても検討し始めた。

1996年1月11日、村山内閣の後を受けて橋本龍太郎内閣が発足した。その直後から密かに、クリントン大統領との初の日米首脳会談が準備されていった。当時の橋本内閣にとって、沖縄の米軍基地問題への適切な対処は、国内政治上も外交上も大きな課題となっており、総理は沖縄の米軍基地の整理・縮小の重要性を頻繁に対外的に口にし、また、沖縄県知事や外務省、防衛庁などの沖縄担当部局の幹部、沖縄問題に関心を有する財界人などの有識者から、基地問題について説明を受けていた。

日米首脳会談開催の数日前からは、普天間飛行場返還の可能性をメディアは広く報道するようになっていた。実際の首脳会談において橋本総理が普天間飛行場を口にした経緯や、総理が任期中に熱意をもって普天間返還にエネルギーを注いだことは、橋本総理自身の証言、政府の直接関係者によるオーラル・ヒストリー証言・寄稿文、大田元知事の著作と並んで、多くのジャーナリストや学者による著作、研究書が残されている（注5）。

（注3）県民感情の高まりを「マグマ」に例え、「『マグマ』が爆発しないようにする必要がある」とする表現は、筆者が外務省沖縄勤務時代に、稲嶺惠一知事からよく聞かされていたものであった。

（注4）当時の防衛計画大綱の作成、日米安保体制の再評価、ＳＡＣＯの設置、政府と沖縄県の協議機関の設置といった流れを時系列的に整理すると、次のようになる。
１９９５年９月４日：少女暴行事件発生 ↓ 11月17日：沖縄県との「沖縄米軍基地問題協議会」設置についての閣議決定 ↓ 11月19日：村山・ゴア会談でＳＡＣＯの設置を正式に合意 ↓ 11月28日：「防衛計画の大綱」の閣議決定 ↓ １９９６年４月17日：日米安保再評価に関する協議をクリントン大統領の来日に際して「日米安全保障共同宣言」として公表 ↓ １９９６年９月10日：村山内閣のもとで検討の始まった沖縄県の基本政策に関する協議の場を、橋本内閣のもとで「沖縄政策協議会」として閣議決定で設置

これらによって、以下のような流れが浮かび上がってくる。

○橋本総理大臣は、長年沖縄に関心を持っていた背景もあって、１９９６年1月の総理就任前に起きた前年9月の少女暴行事件の重大性を深く認識し、総理就任前から沖縄に関する市販の文献に目を通し、改めて沖縄問題について個人的に勉強を始めていた。

○1月15日の総理就任後、早くも23日に初めて大田昌秀沖縄県知事に会った際には、琉球大学教授時代の知事の著作『沖縄の帝王　高等弁務官』を読んだことを話題にして相手を感心させた。これを受けて大田知事は、普天間飛行場に関わるいろいろな側面を熱心に説明した。その数日後、沖縄を訪れたその足で橋本総理に挨拶に来た諸井虔秩父セメント会長は、「『普天間』という言葉を出すだけで物事は変わる」と進言した。

○日米首脳会談の準備のため、関係省庁から安全保障問題や経済通商問題を巡る日米関係についてとまったブリーフィングが行われた際、総理は外務省及び防衛庁の担当局長などの幹部に対して、「普天間返還を持ち出すことはどう思うか」とボールを投げかけた。これに対しては、「米政府が普天間飛行場を返還する見通しはないので、事務レベルで話を詰めることなしにクリントン大統領にこの問題を持ち出すことはしないでほしい」といった慎重論が返って来た。

橋本総理は、事務レベルのコメントに反論しなかったものの、納得したわけではなかった。前述のように政府専用機に乗り込んでもなお、クリントン大統領との会談において普天間問題を持ち出すか否か、自問自答を繰り返していた。クリントン大統領からは肯定的な反応が出てくるであろうとの政治的感覚による期待感と、初の日米首脳会談においてもしも先方から消極的な反応が示されるなどし

（注5）次の回想録・著作等は、筆者が実際に目を通したものである。これらは、初めてのクリントン大統領との首脳会談にとどまらず、大田昌秀沖縄県知事時代の政府とのやり取りを知る上でも参考になる著作である。

五百旗頭真・宮城大蔵編『橋本龍太郎外交回顧録』（岩波書店）に記載されている、五百旗頭真熊本県立大学理事長（当時）による橋本総理へのインタビュー及び宮崎大蔵上智大学外国語学部准教授（当時）の外題、並びに同書に収録されている大田昌秀元沖縄県知事、江田憲司元橋本総理秘書官、田中均元外務審議官の証言

「政治家　橋本龍太郎」編集委員会編『61人が書き残す　政治家　橋本龍太郎』（文藝春秋企画出版部）に収録されている、1996年9月17日沖縄コンベンションセンターでの橋本総理講演及び2003年10月21日「沖縄クエスチョン2004日米同盟」における橋本元総理基調講演のほか、古川貞次郎元官房副長官、岡本行夫元総理大臣補佐官、秋山昌廣元防衛事務次官、田中均元外務審議官、江田憲司元橋本総理秘書官、大田昌秀元沖縄県知事、安藤裕康元橋本総理秘書官の寄稿文

折田正樹著、服部龍二・白鳥潤一郎編『外交証言録　湾岸戦争・普天間問題・イラク戦争』（岩波書店）

大田昌秀著『沖縄の帝王　高等弁務官』（久米書房）

大田昌秀著『こんな沖縄に誰がした――普天間移設問題――最善・最短の解決策』（同時代社）

森本敏著『普天間の謎――基地返還問題迷走15年の総て』（海竜社）

櫻澤誠著『沖縄現代史――米国統治、本土復帰から「オール沖縄」まで』（中公新書）

新崎盛暉著『日本にとって沖縄とは何か』（岩波新書）

宮城大蔵・渡辺豪著『普天間・辺野古　歪められた二十年』（集英社新書）　等

た場合の政治的危険性の間で、心が揺れ動いていた。

サンタモニカに到着した2月23日に行われた日米首脳会談において、橋本・クリントン両首脳は初対面ながら馬が合ったようであり、会談が進むにつれてお互いに「信頼できる政治家同士である」という雰囲気が出てきた。一方、橋本総理は普天間飛行場のことをなかなか口にできないでいた。米国政府側は、少女暴行事件で先鋭化する沖縄県民からの反米・反米軍基地感情に憂慮していた。クリントン大統領は、総理が普天間飛行場返還の重要性について発言する可能性について、事前に事務レベルから警告を受けていたようである。

ところが、総理が普天間飛行場のことになかなか触れないでいたことから、クリントン大統領の方から「何か他に言い残した問題はないのか」と話題を振ってきた。クリントン大統領としては、「米側から普天間の話を持ち出した」と受け止められないように配慮しつつ、総理が普天間を話題にできるように手を差し伸べたようだ。これを受けて、橋本総理から普天間への言及がなされた。外交が〝生きたもの〟であることを一瞬にして描いて見せた、両首脳間のやり取りであった。

政府の幹部も沖縄県の幹部も、総理一行から会談の報告があるまでは、橋本総理がクリントンとの初の首脳会談で、実際にこの問題を持ち出すとは予想していなかった。同首脳会談を受けて、本土のメディアも沖縄のメディアも、日米安保体制の堅持と沖縄米軍基地の整理・統合・縮小について、日米両政府首脳が努力していく姿勢を大きく報じ、「普天間飛行場はその例示である」とする報道ぶりを示した。一方、同年4月の橋本・モンデール共同記者会見で普天間返還合意が発表されたときに比べると、普天間に対するメディアの扱いは全体として抑制的であった。

首脳会談後、大田県知事は「普天間基地の問題は、従来、周辺住民の安全性の観点から最優先課題として、あらゆる機会に返還を要求してきた」と述べ、「今後、目に見える形での解決が図られるように期待している」といった趣旨の、これもまたやや控えめのコメントを発表した。首脳会談で普天間に言及はされたものの、日米両政府ともに普天間飛行場返還の今後の道筋を見通すところまでは行かなかったこともあり、〝様子見〟をする関係者たちが多かった。

もしもこの2月23日の首脳会談で、橋本総理大臣が普天間飛行場返還の重要性をクリントン大統領に持ち出すという〝思考回路〟を持たなかったならば、4月12日の橋本総理・モンデール在京米国大使の共同記者会見で発表された普天間飛行場の全面返還に関する日米合意はなかったであろう。また、恐らくＳＡＣＯ最終報告も相当地味な内容になっており、沖縄県民が大きな関心を示すことのない事務的な米軍基地整理縮小計画としてまとまっていただけであろう。橋本総理がそのユニークな個性と独特の政治的嗅覚によって、「普天間飛行場の返還」をキーワードにして、沖縄県民の基地負担軽減課題に真剣に取り組むきっかけをつくった功績は、高く評価されるべきである。

一方、サンタモニカの首脳会談から二十数年たった２０２０年の春現在、普天間飛行場はいまだ返還されていない。それだけでなく、政府と沖縄県の間には軋（きし）みが続いている。

本書では、１９９６年2月の橋本・クリントン首脳会談の時点に改めて立ち戻り、玉城（たまき）県政の現在

普天間飛行場と辺野古岬・大浦湾区域（注）

普天間飛行場は、宜野湾市のほぼ中央部に位置する米海兵隊飛行場である。戦前は農村地帯であった。沖縄戦の早い段階で、米陸軍工兵隊によって本土爆撃用の飛行場が建設された。

2010年1月末現在、宜野湾市の人口は99,762人、面積は19,700千平米。うち普天間飛行場の面積は、481ヘクタールで市全体の面積の24.39%を占めている。宜野湾市には海兵隊キャンプ瑞慶覧の一部もあり、それを含めると、市面積の32.35%を米海兵隊基地が占めている。

宜野湾市は、いわば米軍基地城下町といった様相を呈している。2002年に普天間飛行場を視察したラムズフェルド米国防長官が「世界で最も危険な基地である」と称したように、同飛行場に配備されているオスプレイやその他の航空機による事故発生の危険性によって、市民の日常生活は常に脅かされている。

一方、普天間飛行場代替施設の建設先である辺野古岬・大浦湾区域は、名護市にある海兵隊キャンプ・シュワブの一部及び大浦湾沖合にある浅瀬であり、現在、埋立て計画が進行中である。

この沖合の一部に深い軟弱地盤が見つかり、2019年12月に防衛省は、地盤改良を含め代替施設総工費に約9,300億円、工期は建設計画変更に対する沖縄県の承認が得られた後12年という見通しを示した。

2020年1月31日現在、辺野古地域のある名護市の人口は63,418人。同市にはキャンプ・シュワブ、辺野古弾薬庫、キャンプ・ハンセン及び八重岳通信所の4つの米軍施設が存在しており、同市面積の約10%を占めている。代替施設建設地に隣接する地域の久辺三区（久志、豊原、辺野古）の人口は合計2,810人、名護市全人口の約4.4%である。辺野古の海は極めて生物多様性の高い地域であり、環境保全が大きな課題の一つである。

（注）沖縄県、宜野湾市及び名護市のホームページを利用して筆者がまとめたもの。

に至るまで、普天間飛行場の全面返還とその代替施設の辺野古(へのこ)への移設・建設問題（以下「普天間・辺野古問題」）がどのような道を辿(たど)ってきたかを振り返り、その上で、読者とともに、より明るい将来の可能性を考察していきたい。

第一節　歴代知事の対応

普天間・辺野古問題を巡る現在の沖縄県と政府との対立関係の厳しさとその背景の複雑さを理解するため、ここで歴代知事の基本的な対応ぶりを紹介しておきたい。筆者が外務省沖縄事務所勤務の体験を通じて、〝今だから思うこと〟〝今でも思うこと〟を中心にまとめたもので、多分に主観的な分析である。

大田昌秀知事（1990〜1998年）

１９９６年2月の日米首脳会談に始まって、１９９８年2月の大田知事の海上へリポート案受け入れ拒否までの間の政府と沖縄県とのやり取りの中には、現在も続く以下のような政府と沖縄県の軋みの要因が幾つかあった。

――電話で普天間飛行場返還を聞いて

1996年4月12日、橋本・モンデール共同記者会見の直前、橋本総理から電話連絡を受け、また、その際にモンデール大使とも話をしたときの大田知事の反応は、以下の通りである。

そのときの橋本総理と大田知事の間には、受け止め方に齟齬のあったことが、両氏が公職を離れた後になって明らかになった。前述の公開情報（第一節の注5参照）を参考にして、1996年4月12日に橋本総理から大田知事へ突然電話で連絡が入ったときの「実相」に迫ってみよう。

1996年4月17日、クリントン大統領が来日し、メディアにおいて「日米安保再定義」と呼ばれていた安保共同宣言が橋本総理との間で発表された。日本政府はクリントンの訪日直前に、ウイリアム・ペリー米国防長官に来日を求め、普天間飛行場の返還問題を含むSACO中間報告を日米共同で発表することを極秘裏に準備していた。橋本総理自身の言葉（同じくの注5の「橋本龍太郎外交回顧録」）によれば、「首脳会談に同席予定であったペリー米国防長官に、1日早く来日して貰って普天間について発表する」ことで準備していた。

橋本元総理の述懐によれば、その数日前に不完全な形で普天間の動きをワシントンの日本経済新聞記者に抜かれたため、急遽、4月12日に総理大臣官邸でモンデール在京米国大使とともに共同記者会見を行うこととし、直前に大田知事に直接電話をするという慌ただしい手法を取らざるを得なかった。普天間飛行場の返還については、政府部内においても限られた人数にしか経緯を知らせず、防衛庁や外務省、沖縄県に対しても連絡が遅れていたことから、あちらこちらから叱られたそうだ。

橋本元総理は、「後になって大田知事に逃げ場所をつくらせてしまうという結果になったが、大田知事に電話した際、横にいたモンデール大使が大田知事に『県内移設を前提として』ということをきちんと繰り返し、知事もそれに対して否定もせずに『有難う』と返事をしていたことを、自分は聞いていた」と回顧録で証言している。

これに対して、大田元知事は、自著『沖縄、基地なき島への道標』（集英社新書）において、2月23日のサンタモニカの日米首脳会談で、「沖縄米軍基地の整理・縮小が言及された」と報じられたことについては、「ホッとするとともに嬉しかった」と述懐した。

続いて4月の橋本総理からの電話連絡に関しては、次のように述懐している。

「1996年4月12日の昼過ぎ、知事執務室に総理から突然電話が入り、私は『普天間基地を返させることになった』と聞かされて驚いた。私が総理のご尽力に礼を言うと、総理は『ただし、県内に代替施設が必要になるかもしれないので、知事もできるだけ協力してほしい』との趣旨を言われた。それに対し、私は『普天間の返還は大変ありがたいですが、協力できることと協力できないことがあります。代替施設を県内に求めるとなると、それは重大な問題ですから、三役会議などに諮らなければなりません』と申し上げた。

すると橋本総理は、『私だって連立を組んでいるけれど、だれにも相談しないで自分の一存で決断したんです。知事も自分で決断するべきです。ここにモンデール駐日大使がおられるから直接、大使とも話して下さい』と言って、電話を代わられた。そこでモンデール大使にも、普天間の返還に尽力していただいたことにお礼を申し上げた。恐らく、お二人とも共同記者会見場に入る前の慌ただしい時間に、普天間返還の朗報を真っ先に私に知らせようと配慮して下さったにちがいない。が、私は嬉しく思う反面、『県内への代替施設が必要』と聞いて、喜びが半減せざるを得なかった」。

このように橋本総理と大田知事の回顧録の間では、普天間飛行場の返還の話の経緯、特に代替施設の県内移設について理解の違いがあったことが認められる。

さて、大田知事は総理からの電話連絡を受けた同12日、県庁で緊急記者会見を行った。その際の知事の冒頭発言とその後の記者団とのやり取りの中で（注6）、筆者が関心を持つ知事発言は次の通りである。

○総理から直接電話で、「普天間基地機能を維持しながら、5年ないし7年で全面移転することで合意した」との連絡を受けた。

○「厳しい国際情勢の中で、橋本総理が非常な決意で、シンボリックな普天間基地の返還に取り組んでくれたことを感謝している」。

○（「返還は基地機能を損なわない範囲内で、ということだが」との記者団からの質問に対し）「県内の移設がどのような形になるかは何とも言えない。より望ましいのは無条件返還だが、厳しい情勢の中でそれを県が望めば、普天間基地の返還は実現できない。普天間は街のど真ん中にあり、人命の危険への懸念が強い。その懸念を実現するための県の『基地返還アクションプログラム』（注7）の三つの段階のうち、第一段階にある普天間の返還は、（他の施設の）返還にもつながる」。

また、日頃は辛口の同紙（同じく注6）が、「『目に見える形』の普天間飛行場返還に日米間で合意にこぎつけたことを私たちも大いに喜びたい」との趣旨の社説を掲載した。

このように、当日の知事記者会見に関する地元報道からは、「協力できることと協力できないことがある」といったような、後に大田氏が自著で触れた渋い反応を予見できるものはなかった。

ちなみに、橋本・モンデール共同記者会見で発表された日米合意の中では、「返還条件として沖縄にある米軍基地の中に新たにヘリポートを建設する」とされていたが、具体的な建設場所への言及は

（注6）「琉球新報」（1996年4月13日付）
（注7）このアクションプログラムは、沖縄県が独自にまとめたものであり、政府がこれに同意を与えた経緯はない。

なく、また、普天間飛行場の一部の機能については、「嘉手納（かでな）飛行場に追加施設をつくって移す」となっていた。発表の中で「嘉手納」という具体的な場所が言及されたことで、同飛行場周辺住民は反発した。前述の地元紙は「爆音、危険たらい回し」とする嘉手納住民の怒りを社会面で報じた。と同時に、同じ社会面の横に「知事会見『これが第一歩』、笑みの中に決意のぞく」として知事の喜ぶ姿を写真入りで報じたのである。

大田知事は前述の記者会見で言及した「段階的なアプローチ」については、やがて話題にしなくなり、結局、約２年後の１９９８年２月、海上へリポートの受け入れを拒否した。翁長（おなが）前知事と玉城現知事が「辺野古新基地建設反対」の厳しい立場を取っている現在の状況を見ると、革新派の大田知事が、一時期とはいえ、「段階的アプローチ」の手法を頭に描いていたように見えることは大変興味深い。

――革新派知事としての対応

大田知事は、革新共闘会議（社大・社会・共産・社民連推薦、公明支持）を基盤に県知事選で勝利した平和主義者であった。かたや保守本流の道を長く歩んできた橋本総理大臣は、党内基盤を固めることよりも、有能な行政官をフルに使って具体的な政策を実施することに大きな関心を持っていた。

橋本総理は、「代替施設の県内移設で周辺住民には迷惑をかけることになるが、周辺住民から協力を得られるよう、ともに努力してほしい」「普天間飛行場の返還によって、在沖縄米軍基地の整理・

統合・縮小をともに進めていってほしい」と強く求め、この立場は一貫していた。

これに対し、太田知事は、土地収用に関わる懸案、在沖米軍が起こす重大事件・事故、基地の整理縮小に関する県民投票などの問題に一つ一つ対処する一方、普天間飛行場の条件付き返還問題についてはなかなか判断を下さなかった。そして、太田知事にとって大きな意味を持ったのが、後述の名護市の市民投票の結果であり、最終的には太田知事は、移設候補先周辺住民の強い反発や環境問題を理由にして、代替施設の県内移設・建設に反対した。

以上の流れを単純化して言えば、沖縄県民の基地負担軽減という〈マクロ的観点〉で迫ってきた橋本総理に対し、太田知事は、移設先周辺住民の民意に従うという〈ミクロ的観点〉を持ってこれに応じたといえるであろう。また、鉄血勤皇隊（沖縄戦で動員された中等学校の全男子上級生によって編成された学徒隊）に動員された経験もある平和主義者の太田知事は、保守本流の道を歩んできた政治家の橋本総理とは最終的には折り合うことのできない政治信条を持っていたという解釈も可能であろう。

いずれにせよ太田知事は、同じ革新派であった屋良初代沖縄県知事が沖縄復帰に際して取った対応とは異なり、政府のマクロ的観点と名護市民のミクロ的観点の調整を図って、現実的な対応をするという道は選ばなかった。ミクロ的観点とマクロ的観点、理想主義と現実主義、といった課題の調整は、今日でも大きな課題として残ったままである。

前述のように1996年12月末のSACO最終報告発表以降、大田知事は代替施設の県内移設を受け入れるか否かの態度をなかなか決定しなかった。同年11月に総理補佐官に就任した岡本行夫氏は、頻繁に沖縄を訪れ、各方面と接触して県内状況を把握し、橋本総理と梶山官房長官に状況報告とアドバイスを続けていった。

大田知事は、県内世論が揺れ動いたり、割れたりしたときに、自らイニシアティブをとって県民を政治的に実現性の高い方向に引っ張っていこうとするタイプではなかった。県として不満は残るが普天間飛行場の返還を代替施設の県内移設によって実現し、沖縄復帰以来滞っている米軍基地の整理統合縮小を政府とともに進めていくといった現実的な姿勢を示すことはなく、県内コンセンサスのでき上がるのを待って、政府に協力すべきか否かを県庁幹部とよく協議した上で決定するという受動型・調整型の知事であった。

一方、橋本総理大臣は、困難な政策に挑戦し、劇場型のパフォーマンスを得意としていた。「老人キラー」とも言われていた。橋本総理は、持ち前の政治力を総動員して、革新派の大田知事と信頼関係を構築し、普天間問題を動かそうと努力した。そして官僚はもとより、表と裏の双方で、下河辺敦元国土事務次官や島田晴男慶応大学教授、岡本総理補佐官や社民党の伊藤茂政審会長まで、幅広く政界や財界、学界、有識者などの有力者に協力を求め、米軍基地の整理・統合・縮小を含む沖縄県全体の発展を図るよう努力した。

このように、政治的立場も個人の性格もおよそ異なる橋本総理と大田知事ではあったが、沖縄県民の大きな関心であった公告・縦覧問題や沖縄振興予算などについては、政府と県の協力関係に成果も上がった。

しかし、両者の協力関係は長くは続かなかった。やがて事務方を含めて政府全体が大田知事の「決定先送り」の姿勢に不信感を募らせるようになっていった。

そのような状況の中、橋本総理も大田知事も驚くようなことが起こった。

１９９７年12月21日、ヘリポートの受け入れに、賛成か反対かを問う名護市民投票が実施された。投票率は82・45％、反対票は52・86％。賛成票は45・33％で、反対票が５割を若干上回った。

賛否の差異はわずかではあったが、保守系で受け入れの容認派であった比嘉鉄也（ひがてつや）名護市長は、市民投票の結果が判明した３日後の12月24日朝、「ヘリポートの受け入れ」と「市長辞任」という関係者を驚愕させる決断を下した。そして同日、その報告のため、総理官邸に向かった。

同じ日に大田知事も以前からの予定に従って、基地返還プロジェクトの陳情のため、総理官邸に向かっていた。

この日、橋本総理が知事と市長にどのように接したかについては、これら二つの面談に同席した岡本行夫元総理補佐官の証言（注８）によれば、次のような流れであった。

○24日朝、比嘉市長から電話を貰い、ヘリポートの受け入れを表明して市長を辞任する意向を聞いた岡本氏は、それまで政府の方針に理解を示してきた同市長が市民投票で反対派の票が賛成票を上回る結果が出てきたため、市長辞任の決心をするに至ったことと察して、大変申し訳なく思った。

○一方、大田知事は、2015年基地返還プロジェクトを陳情するため、同日に橋本総理と会談する予定になっていた。大田知事は、名護市民投票の結果を受けて、比嘉市長は受け入れに反対するであろうと思っていたにちがいない。岡本氏は、「比嘉市長の決断を知らないまま、大田知事が総理官邸に来るような事態は避ける必要がある」と思い、橋本総理との会談直前に官邸近くのホテルで会って説明した。

○比嘉市長の決断を聞いて、大田知事は驚愕した。岡本氏は、大田知事がこれまで比嘉市長の意向を尊重してきたことに触れ、「今回の市長決断に対しても反対しないでほしい」と懇請した。しかし、知事は首を縦に振らなかった。また、「橋本総理に会う前に知事に会って伝えたい」との比嘉市長の願いも拒否した。

○橋本総理は大田知事との面談で、「政府は沖縄のためにできることはすべてやってきたので、今度は知事に現実的な対応をお願いしたい」と述べた。大田知事は、「県内意見を集約する必要があり、ここで『ハイ』とはとても言えない」と答えた。

○知事が退室した後で、比嘉市長が総理執務室に入ってきた。市長は、「基地は県外移設が最も望ましいが、今それが無理ならば、基地に苦しんでいる人々を救うためにも名護への移設を受け入れる」

と述べた。同時に、北部12市町村の振興を強く要請した。何度か沖縄を訪れた際に比嘉市長と親交を深めていた橋本総理は涙を流してこれを聞いていた。

○名護市に戻った比嘉市長は、市民投票の反対票・賛成票のそれぞれの重みを厳粛に受け止め、熟慮を重ねて建設を受け入れた旨、より小さな負担を名護市が受け入れることで普天間の基地の危険が解消され、基地縮小への道につながる旨の声明文を読み上げた。（同証言の中で岡本氏は、「たとえ僅差であれ、名護市の住民投票で賛成派が勝っていれば、大田知事は比嘉市長の受け入れ決定を容認したと思います」とコメントしている）。

比嘉市長による「驚愕の決定」を契機にして、橋本総理と大田知事の関係は冷え込んでいき、翌1998年2月6日に大田知事が記者会見を開いてヘリポートの受け入れを容認しないことを公表した頃には、大田知事が橋本総理に面談を申し込んでも実現されないような関係になっていた。時の総理大臣と沖縄県知事の相互信頼関係は、大きな政治的困難の克服と課題の解決にとって極めて重要である。比嘉名護市長の受け入れ決断とその声明は、前述のミクロとマクロ、理想と現実の調整を一挙に図るものであり、筆者もその決断に敬服するが、いかにも唐突であり、また劇的すぎた。大田知事に与えたインパクトが大きすぎた。橋本総理も、大田知事も、比嘉市長も、まるで何かにと

（注8）五百旗頭真・伊藤元重・薬師寺克行編『岡本行夫――現場主義を貫いた外交官　90年代の証言』（朝日新聞出版）

りつかれたかのように動いていたように見える。

今から思えば、橋本総理は比嘉市長の決断に対する感激をもう少し抑えることはできなかったのか、大田知事は比嘉市長の決断に対する批判の感情をもう少し抑えることができなかったのか、比嘉市長は根回しにもう少し時間を割くことができなかったのかなどなど、三人に直接確かめたいことが多々ある。

1996年12月2日のSACO最終報告では、海上施設（ヘリポート）はその必要性が失われたときには撤去可能であるとされ、また、1997年12月24日に比嘉市長が「驚愕の決定」を明らかにした直前の沖縄の地元紙（注9）は、同日に予定されていた大田知事と橋本総理との会談において、「政府、沖縄県双方から代替施設に何らかの使用制限を設ける可能性がある」との推測記事すら掲載していた。

地元紙が推測したこうした動きは実際に政府部内にあり、「橋本総理が比嘉市長に会ったことを契機にして消えた」とする民間研究もある（注10）。三人の立役者がもう少し懐の深い対応をする余裕を持っていたならば、他に知恵の出しどころもあったであろうし、その後の展開も随分変わっていたと思う。

なお、1998年以降は、それまで県知事との意見調整に高い優先順を与えていた政府の姿勢には変化が見られ始めた。それでも、橋本内閣以降、小渕内閣・森内閣までは、大田知事の後を襲った稲嶺知事との間で良好な関係が継続していた。しかし、小泉内閣以降は、政府と県の軋みは顕在化し、特に翁長県政以降は、総理大臣と沖縄県知事の関係はギクシャクしていった。

「『国益』と『県益』の衝突と調整」という、難しい沖縄県民の米軍基地負担軽減問題に対処する上で、総理大臣と沖縄県知事の相互信頼関係の回復は、日本にとって非常に重要な政治課題である。

稲嶺惠一知事（1998〜2006年）

1998年11月15日、稲嶺惠一氏は、普天間飛行場の返還と代替施設の県内移設問題に対して、「一定期間（15年程度）に限定して軍民共用の代替施設の県内移設を容認する」との方針で県知事選に臨み、再選を目指した大田現知事を破って当選した。稲嶺県政のもとで、政府と県の協議は順調に進んでいった。

稲嶺県政第一期から第二期にかけての2年間、筆者は外務省沖縄事務所に勤務した。その頃からすでに政府部内では、「15年使用制限は受け入れ難い」との意見が支配的であった。沖縄県内でも、「稲嶺知事の方針は尊重するが、政府がこの方針を受け入れる可能性は低いのではないか」という意見がしばしば聞かれた。筆者は、機会あるたびに知事との間で15年使用期限問題を話題にするようにしていた。知事の耳には、政府側や沖縄県内からの不協和音が聞こえていたはずであるが、知事は方針変

（注9）「琉球新報朝刊」（1997年12月24日付）
（注10）宮城大蔵・渡辺豪共著『普天間・辺野古　歪められた20年』（集英社新書）

更の素振りは示さなかった。

第二期県政の後半になると、稲嶺知事の方針は、県内外で批判を受けるようになっていった。知事任期の最終年に当たる２００６年４月には、代替施設の移設先の名護市長と東宜野座村長が防衛庁長官と新たな移設建設案に合意し、また、同５月には１９９９年12月の知事の条件付き県内移設容認に「敬意」を払っていた閣議決定に代わる新たな閣議決定が行われ、稲嶺知事の条件付き県内移設の「苦渋の決断」は事実上終止符を打った。外堀も内堀も埋められたのである。

なお、安倍内閣は、辺野古における普天間飛行場代替施設に対して、使用期間を設定する考えを持っていない。一方、仮に将来、玉城知事が政府に対する真正面対立関係を修正し、普天間・辺野古問題について幾つかの現実的な条件を付与する要請へと方針を転換するような場合は、政府側は玉城知事の示す条件をすべて無視するのであろうか。稲嶺知事が試みた「条件付県内移設容認」という〝手法〟そのものについて、沖縄県側は改めて検討を加える価値があるのではないか。

仲井眞弘多知事（２００６～２０１４年）

２００６年11月に稲嶺前知事の後を継いだ仲井眞弘多知事は、２００９年８月の総選挙で自民党が敗北して同年９月の民主党連立内閣が樹立し、その後早くも２０１２年12月の総選挙で民主党が敗北して自民党が政権に復帰するという、国政上の目まぐるしい変化に巻き込まれた。民主党連立内閣のもとで、鳩山由紀夫総理大臣の「最低でも県外」という方針が動き始め、沖縄県民の意向は、稲嶺知事以来の県内移設受け入れの「苦渋の選択」を拒む方向に向かっていった。

沖縄県知事選を控えた２０１０年10月、仲井眞知事はそれまでの方針を変え、普天間の県外移設を求める方針を示した。民主党連立政権はわずか3年有余で倒れ、２０１２年末に自民党が政権に復帰した。

こうした流れの中で仲井眞知事は、再び県内移設受け入れの方針に戻った。この方針に対して、県内の仲井眞批判は高まっていき、同知事は3選を目指して２０１４年11月の県知事選に臨んだが、敗北した。

仲井眞知事が、従来の県内受け入れ容認から県外移設へ、その後再び県内受け入れ容認へと戻った理由などについては第一章以降で触れるが、普天間・辺野古問題の将来を考察する上で筆者が重要と考える点は、以下の通りである。

第一は、仲井眞知事はビジネスライクに物事を判断し、自らイニシアティブを取って迅速に処理していくという点では、歴代知事の中でも抜きん出た存在であったことである。仲井眞知事は歴代総理大臣にとって「ディール」のできる相手であった。仲井眞知事は、沖縄歴史問題を客観的に捉えるタイプの人であり、沖縄県の将来を積極的に考える人であった。通産省勤務の経験もあり、政府の動き方に通暁していた。個人的能力の高い人であった。

一方、仲井眞知事は、県民感情の変化には十分気をつけようとしなかったようだ。その間隙を見事に突いたのが翁長雄志氏であり、現職の仲井眞知事は、２０１４年の県知事選で3選を阻まれた。沖縄県では、沖縄の歴史を背景とする「民意」への適切な配慮が必要であることが、改めて証明される形になった。

第二は、時の総理大臣にとっても、沖縄県知事にとっても、重要な局面では慎重に対処することが強く求められるということである。仲井眞知事は、「沖縄経済の振興」という極めて重要な戦略を進めていくに当たって、急ぎすぎた感がある。県民に対して地道に丁寧に説明を繰り返し、時間をかけて説得するという姿勢に欠けるところがあった。

仲井眞知事は、志と違って、しかも予想を超えた大差で、翁長雄志氏に敗れてしまった（注11）。

翁長雄志知事（2014～2018年）

代替施設の県内移設に反対する沖縄県民の意識の変化を早期に察知した翁長雄志前那覇市長は、２０１４年「イデオロギーよりアイデンティティー」「オール沖縄」をキャッチフレーズ、「辺野古新基地反対」をスローガンにして、再選を狙った現職の仲井眞知事を大差で破り知事選に当選した。翁長知事は、知事就任後、政府との協議の試みが成果を上げないとみるや、法廷闘争、市民運動との連携、国際世論へのアピール、多くの公演や著作、総選挙での辺野古反対派候補全員の当選支援などどを繰り広げ、沖縄県民からの支持をさらに高めていった。しかし、「新基地」反対運動から具体的な結果が得られないまま、２０１８年８月に知事現職中に病死した。

翁長知事が政府との対立の先に何を見ていたのかはよく分からない。翁長知事の力説したのが、人間の誇りと尊厳を賭けた「主張する権利」(注12)であったことからすれば、あらゆる手段を通じての「抵抗」であり、少なくとも政府に対して「条件闘争」を行う意思はなかったと解される。

筆者は、以下の2点に大きな関心を持つ。

第一は、翁長知事が稲嶺知事と仲井眞知事の追求した県内移設容認の方針を否定し、「辺野古移設阻止」の路線をとったことは、同氏が公言していた保守派知事の立場と相矛盾しないかどうかである。これは、「オール沖縄」運動をどのように評価するかにも関わる問題である。

第二は、翁長県政以来現在に至るまで普天間・辺野古問題を巡る沖縄県の「民意」は「辺野古新基地反対」であるが、その「民意」は今後どれほど長く続くかということである。

玉城デニー知事（２０１８年〜）

玉城デニー現知事は、２０１８年８月の翁長知事の病没を受け、その後継者として衆議院議員（自

(注11) 竹中明洋著『沖縄を売った男』(扶桑社)
(注12) 翁長雄志著『戦う民意』(角川書店)

由党）を辞めて県知事選に臨み、同年9月に知事に就任した。その後の普天間・辺野古問題についての県民投票や最近の国政選挙の結果を背景に、「民意」を旗印に掲げ、翁長前知事と同様に「辺野古新基地反対」を訴えてきている。

玉城知事は、翁長知事流の「戦う」姿勢と異なり、例えば「新基地建設阻止」を強調せず、「新基地建設反対」と訴え、政府との対話による解決をしばしば口にするというように、「ソフト」な姿勢を対外的に示している。

しかし、政府側からすれば、「新基地」反対を訴えるだけの「対話」では、これに応じ続ける気持ちになれないであろうし、また、実質的な対話を望むのであれば、県側からの何らかの歩み寄りが示されることを期待するであろう。

だが、そのような歩み寄りもなく、県民投票から1年たった2020年2月24日、玉城現知事は知事談話を公表し、「辺野古新基地反対」の「民意」、辺野古埋め立て地域の軟弱地盤の存在による工事の長期化や予算の肥大化などを理由に、「辺野古新基地は造らせない」と述べた。玉城知事は知事就任以来、「辺野古新基地反対」のため、全国行脚や米国議会人への働きかけなどの動きを強めている。

第三節　歴代知事との対話

序章の最後に、筆者が歴代知事とした対話を記す。

大田知事

１９９４年６月、在米日本大使館勤務中の筆者は、大田昌秀沖縄県知事を長とする「沖縄の基地問題要請団」とワシントンで懇談する機会があった。その際、大田知事から米軍基地問題の状況とともに、訪米の趣旨について説明を受けた。その後、東京に帰任して外務報道官の任務にあった頃、沖縄に二度ほど出張する機会があった。

１９９６年10月23日に大田知事を表敬した際には、大田知事は、「『沖縄に対する差別的取り扱い』に納得できない」「米軍基地問題に対する国民の関心が長続きしない」「『基地との共生』という考え方は受け入れられない」という知事の基本的見解を述べていた。筆者から日米安保体制の重要性を強調したところ、大田知事は「県民が一番嫌がるのが、『安保は大切』と言いながら、自分のところには基地をつくらせないという発想・生き方である」と述べた（注13）。のちの翁長知事は、こうした大田知事と同趣旨の見解を繰り返すこととなった。

その後の2001年2月、筆者が沖縄担当大使として那覇に赴任する直前、当時の橋本沖縄・北方対策担当大臣から「沖縄県民の複雑な気持ちを理解するために、大田知事の著書を読むように」との助言を受けた。筆者は那覇着任後、早速、同氏の主宰する大田平和総合研究所を訪れて挨拶した。同氏は1時間以上にわたって、沖縄の米軍基地に関わる諸問題について、次のように熱っぽく語った。

○那覇で行われている三者連絡協議会（政府、県及び在沖縄米軍代表による非公式な話し合いの枠組み）は、形式的な議論をするだけで、本来あるべき非公式で活発な議論が行われていない。率直な議論を行い、その中で那覇、東京、横田、ワシントンなどに持っていくべき話を整理し、司々で処理するという方式が望ましい姿だ。

○今後、四軍調整官（在沖縄米陸海空海兵隊四軍の調整を務める米海兵隊中将の職責に対する地元での呼称）と話をする機会が増えるだろうが、どうか頻繁かつ率直に話し合ってほしい。

○労組や婦人団体などの反基地運動をしている人たちが具体的に何を考えているのか、よく把握してほしい。

○現在の沖縄県知事や保守系の市町村長は、米側には「安保体制堅持」と口当たりのよい言い方をする一方で、県民に対しては県民にとって口当たりのよい別の言い方をしている。両者に対して大きな矛盾を露呈する結果となり、県民の不満が高まっている。こうしたねじれ現象はよくない。

○沖縄県内の関係者の沖縄担当大使を見る目は厳しいことに留意してほしい。

○自分が知事のとき、特に少女暴行事件が起きたとき、第二のコザ騒動（1970年12月にコザ市〔現沖縄市〕で発生した暴動事件）が生じるおそれを抱いていた。今の沖縄県の状況は決してよくない。いつ何時に県民感情が爆発するか分からない。

大田氏の率直な話は、筆者の沖縄担当大使としての任務を始めるに当たり、大いに参考になった。那覇在勤中、筆者は特に政府と異なる立場の人たちに頻繁に会って話を聞いた。

稲嶺知事

那覇在勤中、筆者は稲嶺知事と頻繁に会う機会があった。稲嶺知事は、米軍関係者の事件・事故の発生に関連し、「県民感情の『マグマ』が高まって、爆発に至るような事態を回避することが必要である」とし、「県民が個々の事件・事故を『点』としてではなく、長い歴史的体験として『線』の上で捉えていることを理解することが重要である」と常々口にしていた。

（注13）筆者の大田知事表敬については、「琉球新報」（1996年10月24日付）が「知事、外務省幹部に苦言、安保過重負担で」と題する記事を掲載し、知事と筆者のやり取りとともに、同日筆者が時事通信社主催の内外情勢調査会沖縄支部で講演を行う旨を報じた。

沖縄担当大使として着任挨拶を行った際、稲嶺知事は「沖縄の問題は、頭で分かっても皮膚感覚として理解できるようになるのは容易ではない」「自分（稲嶺知事）はよく『点と線』という言葉を使うが、沖縄担当大使にとって在任中の事件は『点』であったとしても、県民は過去からずっと続いているという『線』の感覚で捉えることを念頭に置いてほしい」「在任中は、沖縄の多くの人から話を聞いてほしい」と述べた。これを聞いて、稲嶺知事と大田前知事は政治的立場を異にしているものの、心情的には似通っているところが多いとの印象を強く持った。

保守系で沖縄経済界の重鎮であった稲嶺知事と政府要路との関係は、基本的には悪いものでなかった。と同時に、政府側にとって稲嶺知事は、すぐに「県民感情」の話を持ち出す〝やりにくい〟県知事でもあった。普天間飛行場の代替施設先に「15年間」という使用期限をつけるなど、条件付き県内移設の容認という苦渋の決断をした背景について同知事は、「沖縄の特別な『県民感情』への配慮なしに、普天間・辺野古問題を進めることができない、という深い事情がある」とよく述べていた。

有り体に言って、政府関係者が稲嶺知事のこの基本的立場に理解を深めることはなかった。知事自身、こうした政府側の反応を十分承知していたかどうかはよく分からない。「ボールは政府側に投げられた」「後は政府がボールを投げ返すのを待つだけだ」とよく言っていた稲嶺知事の姿は、胸の痛む風景として筆者の記憶に強く残っている。

少し長くなるが、稲嶺知事がよく口にしていた、米軍基地の受け止め方に対する沖縄県内外の「温度差」について、筆者の体験をここで披露したい。

２００２年5月19日、政府と沖縄県共催の沖縄復帰三十周年記念式典が宜野湾市のコンベンションセンターで行われた。式典で挨拶したハワード・ベーカー駐日米国大使は、①日米同盟はアジア太平洋地域の平和と安全のため、また、米軍の前方展開にとって重要な役割を果たしている、②日本国民もアジア太平洋諸国の人たちも沖縄県民に感謝している、③米国はこうした事実を重視している、④米国政府を代表して皆様に感謝申し上げたい、⑤米国軍人・家族を温かく迎え入れて下さっていること、日米友好関係、米国の民間人・軍人と沖縄県との間の友好関係に対しても感謝申し上げる、との趣旨を述べた。

式典に出席した筆者は、ベーカー大使の挨拶を聞いていて、真っ当なものを感じた。ところが、翌日と翌々日の地元紙（注14）を読んで、稲嶺知事が違う受け止め方をしていることに驚いた。祝典終了後ベーカー大使の祝辞についての感想を聞かれた稲嶺知事は、「いろいろな意味の温度差がある。私どもが思っていることを必ずしもそのまま取り上げてはいただけない」と答えたとして、地元紙は「知事がベーカー大使の発言を批判した」との趣旨を報じた。

また、翌日の地元紙（注15）は、20日に知事を訪れた在京米国大使館員に対し、稲嶺知事が「温度

（注14）『琉球新報及び沖縄タイムス』（２００２年5月20日付）
（注15）『琉球新報及び沖縄タイムス』（２００２年5月21日付）

差を感じる。普通は感謝されると喜ぶし、言った方も喜んでもらえると思ったのであろうが、沖縄は違う」と述べたとして、「稲嶺知事はベーカー大使発言に抗議した」「感謝を望んでいない」「改めて不快感を示した」といった趣旨の記事を掲載した。筆者は、歴史問題を抱える沖縄県知事の立場の難しさは分かるが、なぜ沖縄の復帰を祝う行事に際してあのようなコメントを述べたのか、いぶかしく思った。正直、稲嶺知事は難しい人であると感じた。

最近では、地元メディアの報道ぶりも少し変化してきているようだ。例えば、キャロライン・ケネディー氏は、駐日米国大使時代に沖縄や東京で、「沖縄県民が長年にわたって沖縄の米軍軍人たちを支持してきてくれたことに心から感謝する」と発言したことが何度かあるが、この謝意表明に疑問を表明する沖縄の人たちの声を沖縄の地元メディアが報じたことはなかったようだ。

仲井眞知事

筆者の那覇在勤時、仲井眞氏は沖縄電力社長であり、沖縄経済同友会の会長であった。何回かお会いしたことはあるが、米軍基地問題について頻繁に意見交換していたわけではない。2001年3月に着任挨拶のために沖縄電力社長室を訪れた際に、「肩に力を入れ過ぎずに、沖縄の生活を楽しんでほしい」と言われたことを思い出す。

沖縄経済同友会の2001年6月例会で、筆者が「沖縄に赴任して」と題して米軍基地問題に対する県内外の温度差について講演した際には、仲井眞会長から「県内では、日米安保は日米両政府間の問題と思っている。県内の苛立ちは県民の要求や要望に対し、おおもとの両政府から目に見えた形で示されないことにある。日本政府は目に見える形を示してほしい」というコメントがあり、筆者から「『見えにくい』という指摘を今後の仕事の参考とさせていただく」と答えたことを記憶している。

公式文書以外に仲井眞知事に関する文献はあまり多くないが、それらを見ると、同氏が持つ「県民党」代表との意識は、歴代知事と同等、あるいはそれ以上である。前述のように、仲井眞知事は普天間飛行場代替施設について、当初の県内受け入れ方針を県外移設へと変え、その後再び、容認へと回帰させた。「県民所得の増大とその中での基地負担軽減を図る」という経済発展を重視した沖縄の将来図を描き、沖縄県民の意識をその方向に引っ張っていこうとして具体的な行動を取ったという点では、他の歴代知事とは大きく異なっていた。

翁長知事

筆者の那覇在勤時、翁長知事は那覇市長であった。評判のよい市長であり、米軍基地問題について何回か話し合ったことがある。ただし、そのテーマは浦添(うらそえ)市との調整を必要とする那覇軍港の移転問題であって、普天間・辺野古問題ではなかった。筆者が外務省を退官し、沖縄問題から大分離れていた時期に一度、東京のあるホテルでばったり会って挨拶を交わしたことがあったが、そのとき筆者は翁長知事が辺野古新基地建設に真っ向から反対していたことをよく承知していなかった。

今では筆者は、翁長知事の「民意」の変化を素早く察知する政治的感覚に脱帽する思いを持つと同時に、保守系政治家の立場で政府との対立を展開した同知事の政治スタイルや、スローガンの「イデオロギーからアイデンティティーへ」に対しては大きな違和感を持っている。

玉城知事

筆者は玉城現知事とは面識がない。那覇在勤中に、米軍基地勤務の米国人と沖縄県民との間に生まれた子供たちの通うアメラジアン(注16)施設を訪問したことがあるが、その際に何かのはずみで同氏の活躍ぶりを耳にした程度の記憶しかない。

(注16) 英文でAmerasian。アメリカ人とアジア人の両親を持つ子供のことを指す。

第一章　「民意」と普天間・辺野古問題

県民投票についての大田知事記者会見（1996年9月9日）
「米軍基地の整理・縮小と日米地位協定の見直し」の賛否を問う投票を受けて、記者会見する大田昌秀沖縄県知事（沖縄・那覇市の県庁）＜写真：時事＞

歴代知事は、米軍基地負担軽減問題について、何よりも沖縄県民の「民意」を重視してきた。普天間・辺野古（へのこ）問題に対する沖縄県民の「民意」をどのように捉えるべきか、これは政治的にも学問的にも重要な課題である。

第一節　各種世論調査

世論調査は、対象となる地域住民の「民意」を測る上で有力な方法である。一方、分析に当たっては、幾つか気をつけるべき点がある。

例えば、１９９６年以降の普天間・辺野古問題に対する県民意識の推移を把握しようとする場合には、理想的には、よく練られた同じ設問に対する回答を取り上げて分析していくことが重要である。しかし、そのような長期的・系統的な調査は存在しない。

また、普天間飛行場を抱える宜野湾（ぎのわん）市民、移設先の名護市民、特にキャンプ・シュワブ周辺区域の住民、そして全県的に基地負担の軽減を求める沖縄県民の利害を総合的にカバーするような世論調査は行われていない。

沖縄県実施の普天間・辺野古問題を含む地域安全保障に関する県民意識調査は、平成26年度（２０１４

年度）から始められたばかりである。従って、１９９６年以降の普天間・辺野古問題に対する沖縄県民意識については、一般の「県民意識調査」として実施されてきた調査の中から、安全保障問題や米軍基地に関わる箇所を抽出して分析する以外に方法がない。

さらに、世論調査の結果は、調査時点・直前の状況（例えば、米軍基地関係事件・事故、選挙、北東アジア情勢、米国の安全保障戦略）に影響を受けやすい。従って、一つの調査結果を過去の一般的な県民意識調査結果とどのように比較していくかについては、慎重な分析が必要となる。

そこで、安全保障に関する全国民及び沖縄県民を対象として、長年実施し公表してきているＮＨＫの世論調査や、かつて総理府と内閣府が行っていた調査などを参考にすることが重要となる。

このような事情を考慮の上、本書では、過去に実施された若干の調査結果を取り上げ、世論調査を通じた過去20年間の普天間・辺野古問題を巡る「民意」の推移を大まかに辿（たど）ることにしたい。

なお、沖縄地元紙などの県内の民間団体によって実施された世論調査もあるが、ここでは主として公的機関（及び公共放送としてＮＨＫ）による調査を取り上げて分析する。

ＮＨＫの世論調査

ＮＨＫは１９７０年から沖縄県民に対する調査を実施してきている。２０１２年2月から3月にかけては、沖縄県民と全国民の意識調査を行い、その結果と分析を『放送研究と調査　ＪＵＬＹ

2012』（注1）に発表した。そこから復帰後10年ごとの関連部分を取り出して、その傾向を見ると、次のようになる。

――日本の安全保障にとっての米軍基地の存在について

「復帰後も沖縄にアメリカ軍基地が残っているが、どう思うか」と尋ねたところ、その回答は、**図1-1**の数字が示すように、「（ア）必要」と「（イ）やむを得ない」を足した（ア＋イ）合計は、1972年以降2012年まで、10年ごとに、26%、37%、35%、47%、56%と着実に増加していった。

そして、2012年には、米軍基地の存在を「必要」あるいは「やむを得ない」とする県民が5割を超えるまでになった。

また、「（ウ）必要でない」と「（エ）かえって危険である」（ウ＋エ）の合計は、56%、53%、50%、44%、38%であり、1972年当時は5割強であったものが、2012年には4割弱に減少している（なお、同2012年に同じ設問に対する全国

(%)	（ア）必要	（イ）やむを得ない	わからない、無回答	（ウ）必要でない	（エ）かえって危険である
1972年	7	19	18	20	36
1982年	9	28	10	17	36
1992年	6	29	15	26	24
2002年	7	40	9	19	25
2012年	11	45	6	21	17

図1-1　米軍基地と日本の安全

調査の結果では、前者の計75%、後者の計22%であった）。

こうしたことから、沖縄県民の間では、米軍基地を肯定的に受けとめる傾向は強まっている一方、否定的に捉える傾向は弱まっているといえる。

――米軍基地観について

米軍基地についての気持ちを尋ねたところ、その回答は、図1-2の数字が示すように、「(ア) 全面撤去」と「(イ) 本土並みに少なく」を足した合計（ア+イの合計）は、1982年以降2012年まで、10年ごとに77%、81%、76%、78%とほぼ横ばいである。そのうち「(イ) 本土並みに少なく」は1982年の4割強が2012年には6割弱と増加している。一方、「(ア) 全面撤去」

（注1）『放送研究と調査　JULY2012（7月号）』（NHK放送文化研究所）に掲載の社会や政治に関する世論調査「復帰40年の沖縄と安全保障――『沖縄県民調査』と『全国意識調査』から」

	(ア) 全面撤去	(イ) 本土並みに少なく	わからない、無回答	(ウ) 現状のまま	(エ) もっと増やす
1982年	33	44	7	15	2
1992年	34	47	8	11	
2002年	21	55	6	19	
2012年	22	56	3	19	1

(%)

図1-2　米軍基地観

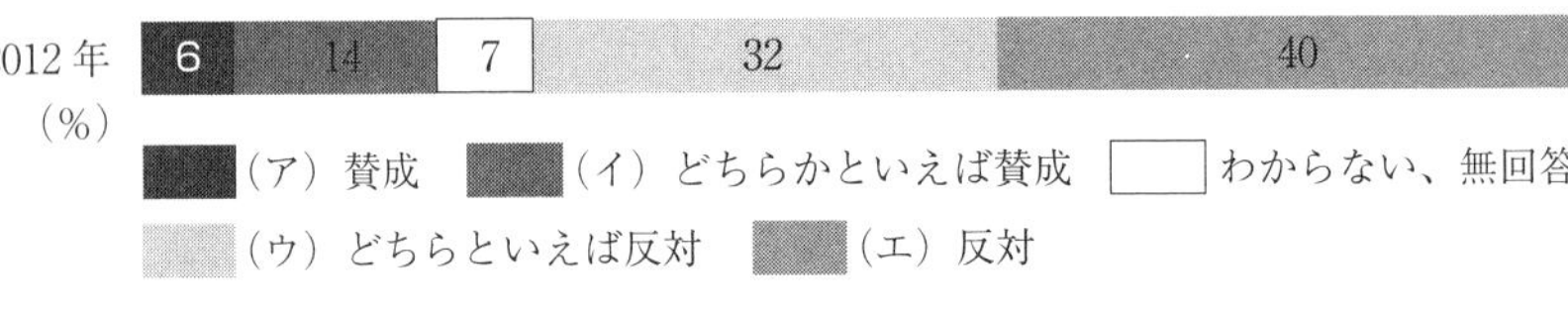

図1-3 普天間基地の名護市移設の賛否

については、1982年の3割強から2012年の2割強へと減少している（なお、同2012年に同じ設問での全国調査では、（ア）と（イ）の計は61％、（ウ）と（エ）の計は35％）。

――普天間の名護市移設について

NHKのこの調査・分析では、普天間飛行場代替施設の辺野古移設についての調査が行われたのは2012年の1回だけであるため、多年度にわたる傾向を見ることはできない。

2012年調査（図1-3）では、「（ア）賛成」6％と「（イ）どちらかといえば賛成」14％を足した合計は20％（ア＋イ）、「（ウ）反対」40％と「（エ）どちらかといえば反対」32％を足した合計は72％（ウ＋エ）であった（全国調査では、前者の計は36％、後者の計は45％）。

政府による調査

2001年に内閣府が米軍基地問題について行った沖縄県民意識調査によれば、米軍基地の存在を肯定する人の割合が45・7％、否定する人の割合が

表1－1　米軍基地の存在

％　　年	1985	1989	1994	2001
肯定した回答者の割合	34.0	29.5	38.8	45.7
否定した回答者の割合	53.9	60.7	54.4	44.4

44・4％であった。この調査は総理府時代の1985年に始まり、1989年、1994年、2001年と続いたが、それ以降は実施されていない。これを時系列的に並べると、表1－1のようになる。

沖縄県による調査

沖縄県が2014年と2015年の両年実施し、それぞれ翌年に公表した地域安全保障に関する県民意識調査（注2）によれば、

・「日米安全保障条約についての考え方」（図1－4）
・「普天間飛行場の辺野古移設に対する考え」（図1－5）
・「普天間飛行所場の固定化についての考え」（図1－6）
・「沖縄の基地問題は本土の人に理解されていると思うか」（図1－7）
・「基地問題への本土の人の理解は進んだか」（図1－8）

という設問に対する回答の概要は、それぞれ図の通りである（ただし、普天間飛行場関連設問と本土からの理解の進展に関する設問は、2015年にのみ調査に入れられている）。

（注2）沖縄県知事公室地域安全政策課編「平成27年度地域安全保障に関する県民意識調査」（平成28年3月発行）

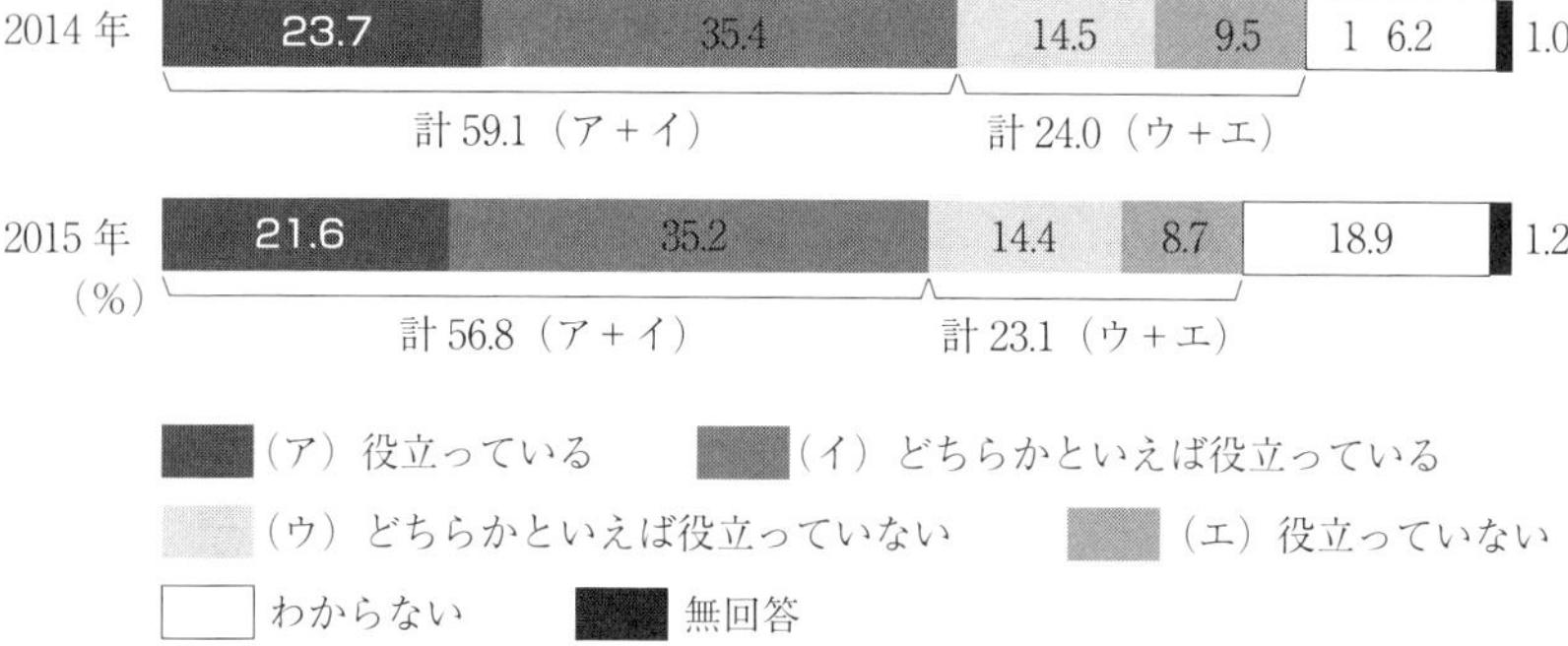

図1-4　日米安全保障条約の考え方

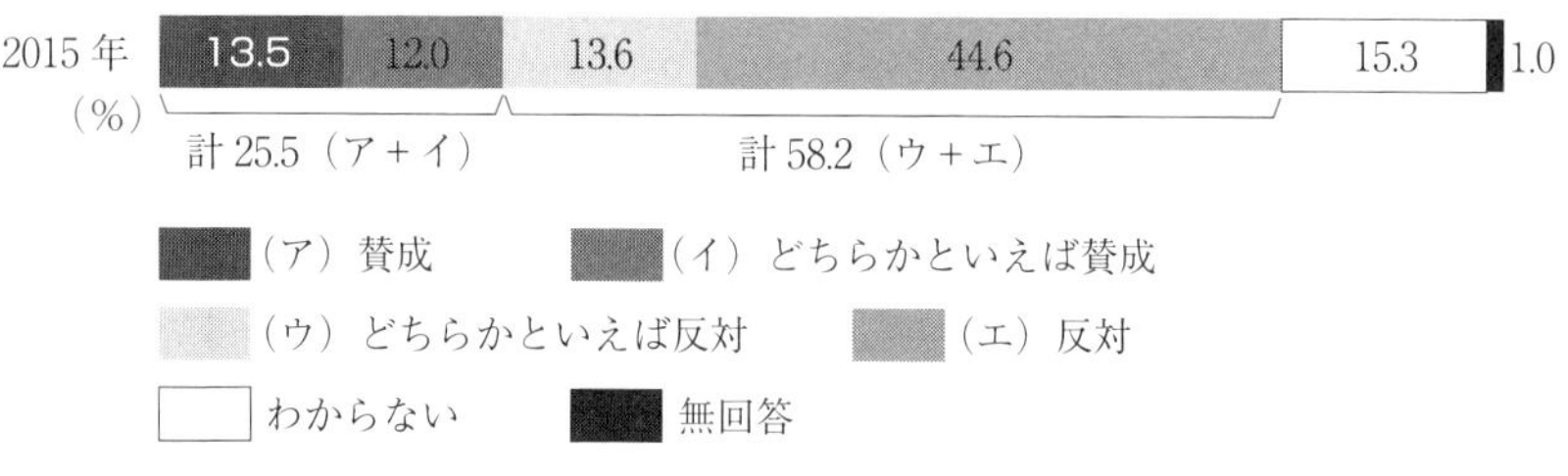

図1-5　普天間飛行場の辺野古移設に対する考え

図1-6　普天間飛行場の固定化についての考え

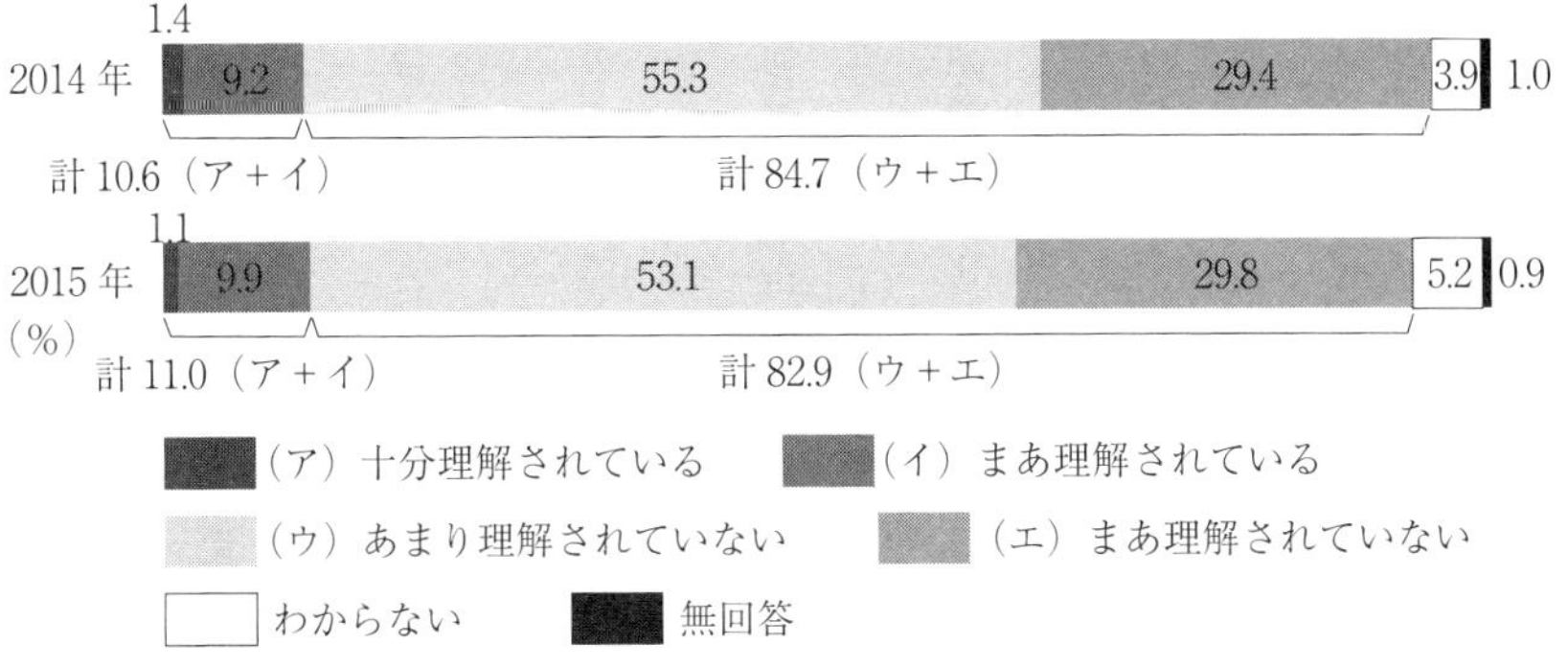

図1-7 沖縄の基地問題は本土の人に理解されていると思うか

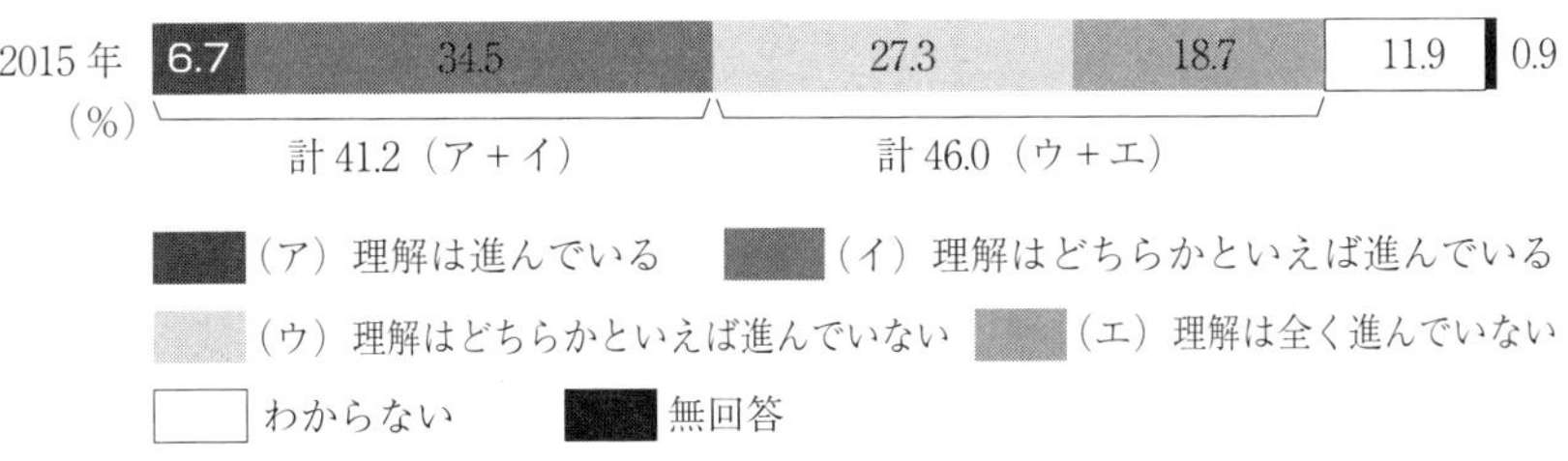

図1-8 基地問題への本土の人の理解は進んだか

まとめ

前述の個別的世論調査結果から沖縄の県民意識について注目される諸点は、以下の通りである。

①米軍基地存在を容認する人の割合は、2000年に入って50％を超えるようになっている。また、それを裏付けるものとして、日米安保条約を役立っていると考える人の割合が50％を超えている。しかし、全国調査の結果に比べると、その割合は小さい。
②米軍基地の整理縮小については、「本土並みに少なく」という意見が50％を超えている。
③普天間飛行場の辺野古移設に反対する人の割合は、50％を超えている。
④普天間飛行場の固定化を容認できないとする人の割合は、70％近くに達している。
⑤沖縄米軍基地は本土の人たちに理解されていないとする割合は、80％を超えている。

2001年から2003年まで外務省沖縄事務所に勤務していた当時、筆者はこの世論調査結果を使って、米軍関係者による事件・事故（特に重大事件・事故）の発生などによって米軍基地存在を肯定する人と否定する人の割合は増減するが、1990年代以降は肯定する人の割合は増加していき、2000年代に入って初めて否定する人の割合を上回ったものの、肯定する人・否定する人の双方ともに5割を超えていないことに注目すべきであると解説していた（本章の注1参照）。

また、橋本内閣当時総理大臣補佐官を務めていた岡本行夫氏は、米軍基地に対する県内世論動向について、自らの経験値として、賛成30％、反対30％、態度未定30％という数字をあげ、「政府が沖縄の米軍基地政策を進めるためには、態度未定の人たちの理解を求めていくことが重要である」と、当時よく関係者に語っていた。

今の時点で、普天間・辺野古問題との関連から各種世論調査の結果をまとめてみれば、沖縄県民の多数は日米安保体制を容認しているが、「米軍基地を本土並みに減らしてほしい」との復帰当時の願望を強く持っていることに、まず注目すべきである。

普天間飛行場の返還と代替施設の辺野古移設・建設については、普天間の固定化反対が大多数という中で、辺野古移設反対の意見も多数を占めているということに注目する必要がある。

一方、これら世論調査の結果から分析が可能なように、現在の「辺野古新基地」反対の意見が今後長期にわたって沖縄県民の「民意」であり続けると結論付けるのは、危険であると言わざるを得ない。

第二節　選挙に表れた「民意」

公職選挙法に基づく各種選挙は、該当する選挙区の「民意」を測る一つの有力な方法である。一方、選挙は党派的色彩が強く、各立候補者は、支援組織の方針や選挙民の関心に沿って力点の置き方を適宜決めることから、例えば普天間・辺野古問題に直接触れない候補者が当選するような場合、選挙結果のみから「民意」を測ろうとすれば、「民意」を見誤るおそれがある。

このように、選挙による「民意」の測定には、世論調査による測定以上に、精査が必要になる。例えば、名護市長選挙は、辺野古移設問題について名護市民全体の「民意」を掴む上で重要ではあるが、名護市の一地域である辺野古地域の住民の「民意」がそこにどれほど反映されているかについては、選挙後の深い分析が必要になる。また、宜野湾市長選は、普天間飛行場の全面返還についての同市民の「民意」を測る上で重要であるが、移設先の辺野古住民の「民意」を測ることにはならない。

沖縄県全体の「民意」を図る上では、県知事選挙、国政選挙及び県議会議員選挙が有力な手段となるが、その精度については、選挙区が広くなることもあり、選挙運動の焦点の置き方などによって、相当のぶれが生じるおそれがある。

1996年以来の沖縄県における各種選挙のすべてを総合的に取り上げ、普天間・辺野古問題の「民意」との関連を系統的に分析することは専門家に委ねることにしたい。

全体的な傾向を見るならば、大田知事が知事３選に敗れたときから、稲嶺知事の時代を経て仲井眞知事の途中まで（要するに民主党連合政権の時代が始まる前まで）の期間は、普天間代替施設の辺野古移設に条件付きで同意するとの県知事の対応ぶりと県内諸選挙の結果は連動していた。また、辺野古移設によって最も影響を受ける名護市については、仲井眞知事が「県内移設→県外移設→県内移設」と方針を変え、県内で仲井眞知事批判が急速に高まっていたときも、ある時点までは、辺野古移設やむなし派の名護市長に市政が委ねられていた。

２０１４年に「辺野古新基地反対」の翁長雄志氏が県知事選当選した以降、県内政治状況は変化し、幾つかの県内選挙が行われた中で、辺野古移設反対派が優勢になっていった。２０１６年の県議会選挙と２０１８年の県知事選では、辺野古移設反対派が勝利した。２０１８年の宜野湾市長選と同市議会選では、引き続き普天間飛行場返還を支持するグループが勝利したが、辺野古移設は争点とされなかった。

ところが２０１８年の名護市長選では、辺野古移設反対派はそれまでの勝利を確保し続けることができずに敗北した。当選した新市長は、選挙キャンペーン中は辺野古移設問題に直接的に触れることを避けていた。一方、名護市の議会選挙では、市長支持派と反対派の議席が拮抗した。また、２０１９年の衆議院沖縄３区の補欠選挙と参議院議員選挙では、辺野古移設反対派が勝利した。

こうした近年の選挙結果を概観すれば、沖縄県民は全体として普天間代替施設の辺野古移設には反対であるが、代替施設受け入れ側の名護市市民の投票行動には複雑なものがあることが読み取れる。

玉城知事は、2018年の県知事選、2019年の県民投票（後述）、同年の衆議院沖縄3区補欠選挙及び同年参議院議員選挙の結果、辺野古移設反対派の候補の当選が続いたことをもって、これが沖縄県の「民意」であると強く主張している。

一方、前述の宜野湾市長及び名護市長の選挙結果を見れば、玉城知事は、宜野湾市や名護市の米軍基地周辺住民の「民意」を含めて沖縄県民の総意としての「民意」の複雑さを考慮に入れる必要があろう。

参考として、翁長前知事と玉城現知事の任期中の主要な沖縄県内関連選挙結果について、「辺野古移設反対」及び「容認その他」（「その他」には「あえて態度を明らかにせず」も含む）に分け、多数派に○、拮抗に△を付けたものを表1－2に記す（注3）。

表1－2　最近の主要な県内選挙結果の動向

	県知事	県議会	名護市長	名護 市議会	宜野湾 市長	宜野湾 市議会
2014年						
「辺野古移設反対」	○	○	○	○		
「容認その他」					○	○
2016年						
「反対」						
「容認その他」					○	
2018年						
「反対」	○	○				
「容認その他」			○	△	○	○

（参考）2019年衆議院沖縄3区補欠選挙で、辺野古移設反対派が当選。

第三節　県民投票と市民投票

住民投票は、地方自治法で地方公共団体に認められた住民の一定の事項の可否を決定する制度であり、特別法の制定に当たっての住民投票のほか、住民の直接請求に基づく住民投票などがある。本節で取り上げる「県民投票」と「市民投票」は、地方公共団体が定める条例による住民投票であり、その結果は法的拘束力を持っていない。

住民投票は、「民意」を測る上で非常に重要な方法である。特定の問題についての住民の賛否を直接問うものだけに、該当の条例に規定する賛否の問い方や住民投票のタイミングが重要な課題となる。

普天間・辺野古問題を含む沖縄米軍基地問題については、過去二度にわたり県民投票が行われ、また名護市ではヘリポート基地建設問題についての市民投票が一度行われた。

第一回目の県民投票

1996年5月8日、連合沖縄が中心になって約3万5000人分の署名を添えて、大田知事に「日

（注3）沖縄県、同県議会、名護市、名護市議会、宜野湾市、宜野湾市議会等のホームページから表にまとめたもの。

米協定の見直し」「基地の整理縮小」について賛否を問う県民投票条例の制定を直接請求した。同年6月9日には沖縄県議会選挙が行われ、その結果、新たに選出された県議員による県議会のもとで県民投票条例案についての審議が行われた。そして同年6月21日、「日米地位協定の見直し及び基地の整理縮小に関する県民投票条例」が成立した。同条例に基づき、同年9月8日、日米協定の見直しと基地の整理縮小への賛否を問う県民投票が実施された（回答は賛成／反対の2択）。

この県民投票は、地方自治法に基づいて都道府県で行う日本で初めての県民投票となった。投票率は全有権者90万9832人の59.53％で、投票総数52万5123票のうち、賛成は48万2538票、反対は4万6232票（有効投票52万8770票、無効投票1万2856票）という結果であった（注4）。

なお、この県民投票は前述の1995年9月の少女暴行事件に端を発するものであって、普天間・辺野古問題を直接問うものではなかったが、1996年4月にSACO中間報告の内容が公表され、県民投票実施の時点では、代替施設海上ヘリポート案が地元メディアでは報道されていた。

沖縄県は、この県民投票実施の前日と当日2回にわたって「知事コメント」を公表した。実施前のコメントでは、大田知事は「沖縄県には全国の米軍基地の75％が集中しており、戦後51年を経た今なお、県民の過重負担は続いている。県民の意思が明らかになることは大変重要である」と述べた。また、実施後のコメントでは、同知事は「県民投票による県民の意思を尊重し、基地問題の解決に向けて引き続き努力していく」と述べた。

橋本総理は、大田知事との会談や9月18日の沖縄訪問の際の講演で、「沖縄の負担に反省とお詫び（わ）」の気持ちを表し、「ＳＡＣＯ中間報告が実現すれば、普天間飛行場の返還などによって沖縄県の負担軽減になる」と訴えた。

名護市民投票

１９９７年12月21日、名護市における米軍へリポート基地建設の是非を問う市民投票が行われた（注5）。住民投票条例の成立後、賛成派と反対派による市民への働きかけは激しく行われ、沖縄県内のメディアでは、拮抗あるいは賛成票が多数とする予想が多かった。

しかし結果は、投票率82・45％、うち反対票は後者2択の計52・86％、賛成票は前者2択の計45・％となり、反対票が賛成票を上回った。賛否は〝わずかな差〟ではあったが、反対票が賛成票を上回ったことで、多くの沖縄県民はこの結果に驚いた。

沖縄県民及び名護市民をさらに驚愕（きょうがく）させたのは、既述のように、比嘉鉄也名護市長が同月25日、海

（注4）沖縄県総務部知事公室基地対策課著「県民投票の記録」（平成9年2月発行）

（注5）条例により、「賛成」「環境対策や経済効果が期待できるので賛成」「反対」「環境や経済効果に期待できないので反対」の4つについて選択する投票とされた。名護市企画部広報渉外課著「普天間飛行場代替施設建設事業　米軍基地のこと　辺野古移設のこと」等参照。

上施設受け入れを表明すると同時に市長を辞職したことであった（序章参照）。
翌1998年2月8日に行われた名護市長選では、比嘉前市長の後継として出馬した岸本建男前名護市助役が当選した。

このように名護市民投票の結果に表れた市民の「民意」は、海上へリポート基地建設反対であったが、その後名護市にとどまらず、普天間・辺野古問題を巡る県内全体の政治情勢は大きく変化していった。やがて保守系の県知事と名護市長が、条件付きへリポート建設容認という「苦渋の選択」へと舵を切ったのである。つまり、大田県政後、「民意」は変化を示したのである。

第二回目の県民投票

2018年、沖縄県内の市民団体である「『辺野古』県民投票の会」が9万人に上る署名を添えて、沖縄県議会に県民投票実施の条例案提出を求めたことから、県議会は審議を経て条例案を採択、同年10月31日「辺野古米軍基地建設のための賛否を問う投票条例」が公布された。その間、沖縄県知事選が行われ、病死した翁長前知事の後継者である玉城デニー候補が当選した。

この条例第1条で「この条例は、普天間飛行場の代替施設として国が名護市辺野古に計画している米軍基地建設のための埋立てに対し、県民の意思を的確にすることを目的とする」とされ、第2条で「この目的を達成するため、埋立てに対する賛否についての県民投票を実施する」とされた。投票は「賛成」

あるいは「反対」の2択であり、その他の選択肢はなかった。11月27日、玉城知事は同条例に基づく告示日を2019年2月24日、投票日を同24日にする決定を発表した。投票日の決定を受けて、沖縄県内の市町村の首長や議会議員の間では、様々な意見が表面化し、予算措置が講じられないことなどを理由に「首長として県条例は実施できない」とする県内自治体も現れてきた。

こうした県内の動きによって、県民投票の投票率が低くなり、投票実施の意義が問われるおそれが生じた。その後、前述の市民団体代表のハンガーストライキによる要請などを経て、県議会は2019年1月31日、前年の上記条例の一部を改正する条例案を採択した。改正条例では当該埋立に対する「賛成」「反対」及び「どちらでもない」の3択となり、同年2月24日の県民投票が実施された。

その結果は、投票資格者の総数115万3600人のうち、投票した人の数は60万5396人（棄権者の数は54万8204人）、投票率は52・48%で、うち「賛成」11万4933票、「反対」43万4273票、「どちらでもない」5万2682票、（有効投票の数は60万1888票、無効投票の数は3297票）であった（注6）。投票数の7割強が「反対」という結果であった。

（注6）沖縄県公報

県民投票の特徴

二回にわたって行われた県民投票のうち、１９９６年の第一回目の投票は、前年の少女暴行事件の記憶も生々しく残っていたときに行われた、地位協定の改定と米軍基地の整理縮小についてである。その結果は、米軍基地負担軽減に対する沖縄県民の率直な願望を表しているが、ここからは、普天間・辺野古問題を「是」とする意見を持つ県民と、「否」とする意見を持つ県民が、この結果にどのような影響を与えたかを分析することはできない。

技術的な点になるが、第一回目と第二回目の県民投票を単純に比較すると、投票率は第一回目が59・53％、第二回目が52・4％であり、第二回目の方が若干減少した。また、有効投票数を賛成票と反対票でそれぞれ割って計算したものを比較すると、第一回目は「賛成」が91・26％「反対」が8・74％ 第二回目は「賛成」が19・10％、「反対」が72・15％、「どちらでもない」が8・75％となる。質問が異なっていることもあって単純比較はできないが、第一回目の方が質問に対する賛否の差がはっきりしていることが分かる。

また、第一回目の質問は賛否の2択であるが、第二回目の質問は賛否に加え「どちらでもない」の3択であり、第二回目の県民投票の方が、より広範な「民意」を反映するものとなった。一方、その中で「どちらでもない」の票の割合は約8・75％で、これは第一回目の「反対」の8・74％とほぼ同じ割合であった。全体として、第二回目の県民投票に表れた沖縄県民の「民意」は、辺野古移設反対にあるといえよう。これは前述の「県民意識調査」の結果とも軌を一にしている。

第二回目の県民投票を定めた条例の「名称」は、「辺野古米軍基地建設のための賛否を問う条例」である。条例の〝目的〟は、第1条で「普天間飛行場の代替施設として国が名護市辺野古に計画している米軍基地建設のための埋立てに対する県民の意思を的確に反映させる」こととされていた。

この県民投票条例には、「政府の埋め立て作業には反対であるが、将来、沖縄県が政府と上手に話し合って、政府から何らかの具体的な譲歩を引き出すことができる」と考える人の意見が反映される設問は含まれていない。また、普天間飛行場の固定化に反対する声が反映される設問もない（前述の沖縄県の実施した県民意識調査では7割近くが固定化に反対）。そうした声は、反対票の中に混じっている可能性も十分にあると思われる。

まとめ

2018年に実施された県民投票は、県民の7割強が辺野古移設に反対であることを示した。

普天間・辺野古問題に対する沖縄県民の「民意」を正確に測るならば、普天間飛行場の無条件返還及び「辺野古新基地阻止」を主張する沖縄県と、辺野古移設建設によって普天間飛行場の固定化を避けるとともに、県民の米軍基地負担を全体として軽減するという政府の政策に対して、県民の気持ちがもっと正確に表明されやすいような工夫が質問の中になされた方がよかったといえるであろう。

そのような細部の意見があったとしても、第二回目の県見投票によって、沖縄県民の約7割が普天間飛行場の代替施設のため、辺野古を埋め立てることに反対していることは明らかになった。また、この県民投票結果は、前項「第一回目の県民投票」の世論調査の結果を追認するものでもあった。

2019年3月1日、玉城知事は県民投票結果について安倍総理大臣に報告し、県民7割が辺野古移設に反対していることを伝え、「民意」を尊重して辺野古移設計画を断念するように求めた。安倍総理大臣は「県民投票の結果を重く受け止める」としたが、辺野古移設の方針は変えなかった。第一回目の県民投票の結果を報告にいった大田知事と橋本総理との会談の雰囲気と比較した場合、第二回目の報告・会談は、かなり形式優先の色彩が強かった。

第四節　歴代知事にとっての「民意」

沖縄県民の「民意」に対し、歴代知事の「民意」はどうだったのであろうか。

大田昌秀知事

前述のように、沖縄県民の基地負担軽減に取り組むように政府に強く訴え続けていた、革新派で平和主義者の大田知事は、１９９６年４月の普天間飛行場の返還についての橋本総理大臣からの提案に対し、当初は大きく心を動かされた。その年９月に県民投票が行われた直後、大田知事は「県民投票による県民の意思を尊重し、基地問題の解決に向けて引き続き努力していく」という趣旨のコメントを発出した。前年の少女暴行事件を経て１年という時点でのコメントとしては、かなり一般的・総論的なものであった。

県民投票から1年がたち、１９９７年12月21日に海上へリポート基地建設の是非を問う名護市市民投票が行われ、反対票が多数を占める結果となった。続いて、名護市議会の基地建設反対決議、沖縄県議会の反対決議、沖縄県自然環境保全審議会の議論など、慎重・反対の意見が県内に広がっていった。これらを経て大田知事は、１９９８年２月に辺野古代替施設の県内移設についての政府提案の受け入れを拒否する決定を下した。

大田知事は、「ＳＡＣＯ最終報告に基づく普天間飛行場の移設建設によって、全県的負担軽減を図る」という政府の政策を退け（しりぞけ）、普天間飛行場代替施設建設先の名護市民投票の結果を重視したともいえる。恐らく次の県知事選も近づいてくる中で、大田知事は革新派の原点、日米安保反対の立場をより重視したのであろう。

大田知事は、橋本総理からの提案を受け入れるかどうかを長い間逡巡した後で、受け入れ拒否の決定をして1998年11月の県知事選に臨んだ結果、保守系の稲嶺惠一候補に敗れた。沖縄県民の「民意」は稲嶺候補を支持したのである。

稲嶺惠一知事

稲嶺惠一氏は、普天間飛行場の返還と代替施設の県内移設問題に対して、「苦渋の選択」として条件付きで県内移設容認の立場を取って県知事選に臨み、当選した。稲嶺知事は、知事就任後の初めての県議会で、「県民感情などを考慮した」と述べ、条件付き容認の立場を公式に説明した。

その後も稲嶺知事は、大田前知事によって一度海に沈んだ県内移設容認を半分ほど浮き上がらせるため、「15年使用制限などの条件付けが必要不可欠である」と繰り返し述べていた。一方、2期にわたる県政後半になると、これら条件の実現可能性に疑いを持つ沖縄県関係者からの反応や政府の冷ややかな対応ぶりを前に、稲嶺県政は翻弄されるようになっていった。

2004年8月に起きた「沖縄国際大学構内への米軍ヘリ墜落」という県民感情を高ぶらせる大事故の発生は、政府の普天間飛行場の県内移設計画案の取りまとめの動きを促進することになった。「調整型の知事」と言われた稲嶺知事は、政府や県内関係者が取る様々な動きに対して受け身の対応が目立っていった。それとともに、同知事の公約である「条件付き容認方針に最後まで固執することはあるまい」といった印象を外部に与え始めていった。

知事時代の最終年の2006年4月、政府と名護市及び東宜野座村はV字型の代替施設建設（滑走路2本をV字型に配置）の基本合意書に合意し、従来の条件付き辺野古沖合案という県の方針と異なる方向を示した。稲嶺知事は県の方針の堅持を繰り返す一方、政府の新方針に正面からは反対しないかのような〝難解〟な動きを見せた。稲嶺知事は任期満了によって知事を退任する日まで、「条件付き容認」の方針を公式に変えることはなかったが、多くの関係者の気持ちは稲嶺知事から離れていった。のちに同氏は回顧録で、「多くの県民が普天間飛行場代替施設の県外・海外移転を望む感情を強く持っていたことを認識し、条件付き容認という苦渋の選択をした」と述懐している。しかし、任期満了の時期が近づいていた頃、政府とともに名護市長や東宜野座村長が知事の意向から離れていったことから見ても、「民意」が稲嶺知事の15年使用条件付きの容認方針を最後まで支えていたとはいえないであろう。

仲井眞弘多知事

仲井眞知事が稲嶺前知事の後を継いだ頃、普天間・辺野古問題に対する沖縄県民の「民意」は、「県内受け入れ容認やむなし」の側にあった。その中で、代替施設計画は「どこまで県内の関連業者が裨益する案になるか」「どこまで周辺環境に悪影響を与えない案になるか」という二つの大きな関心が明確になっていった。

当初、仲井眞知事は稲嶺前知事と同様、V字型案には反対したが、15年使用制限を蒸し返すこともしなかった。やがて小泉内閣のもとで「強引な」手法で、辺野古移設建設準備を進めた防衛庁事務方と辺野古移設反対の傾向を強くする県内世論の動きが顕著になっていった。仲井眞知事は、できる限り代替施設を辺野古沿岸沖に移す努力を重ね、また、政府が進める辺野古地域の環境評価に関連する諸手続きに応じていった。

小泉内閣の後は、1年おきに首班が交代するという政治状況になった。2009年の総選挙では、自民党は敗北し、民主党連立内閣が成立するという国政の大変化が起きた。これは沖縄にも打撃を与えた。「少なくとも県外」という当初の鳩山由紀夫総理大臣の意向とその後米国政府の強い抵抗にあって短期間で辺野古回帰を認めた変針によって、沖縄県の「民意」は翻弄された。仲井眞知事もその渦中で振り回された。

民主党時代になっても毎年、首班は交代し続け、早くも2012年に民主党連立内閣は崩壊し、公明党と協力関係にある自民党が政権に復帰した。その過程で仲井眞知事は、稲嶺前知事から受け継いだ代替施設の「県内受け入れやむなし」から「県外移設」へ、そして再び「県内受け入れ」(注7)へと普天間・辺野古問題に対する方針を変更した。この「再度の県内受け入れ」を表明した2013年12月以降、仲井眞知事は沖縄県議会はじめ、多くの関係者から強い非難にさらされた。

仲井眞知事は、持ち前の指導力を発揮して、歴代知事以上に沖縄県の経済的発展基盤を強化し、「辺野古受け入れやむなし」の土台となる「政府の辺野古埋め立て申請を許可する」という結果を残したが、地元メディアを媒介とする反仲井眞旋風に巻き込まれ、3選を求めて臨んだ県知事選では「辺野古新基地反対」を唱える翁長雄志候補に敗れた。

仲井眞知事は自らの強い信条のもと、「アジアに開かれた沖縄の中で経済発展を追求する」という方向で沖縄県をリードする熱意のあまり、「民意」の変化に気づくのが遅れたといえよう。

国政の県政に与える影響がいかに大きいものであるのかを見せつけたのは、この仲井眞県政の時代であり、同時に、沖縄県民の「民意」によって県知事の方針が振り子のような大きな動きを示したのも、仲井眞県政の時代であった。民主党連立内閣時代の国政の迷走と自民党連立政権のカムバックを契機にして、結局、県民の「民意」は稲嶺県政時代からの「条件付き容認」から離れていき、「最低でも県外」を求める県民意識が深まり、その延長線上で「新基地反対」の方向に向かった。

翁長雄志知事

2014年に翁長雄志前那覇市長は、普天間・辺野古問題を巡る「民意」の変化を早期に察知し、

（注7）仲井眞知事は知事選挙で敗れた後のインタビューで、「自分はもともと県内受け入れやむなし派」と回顧しているが、2013年12月の概算要求で政府から手厚い方針が示された際には、知事の気持ちは十分に対外的に説明されていなかった。

「イデオロギーよりアイデンティティー」「オール沖縄」をスローガンにし、現職の仲井眞知事を破って大差で知事選に当選した。保守系の地元沖縄政治家であり、かつては自民党県連の幹事長を務め、2010年の知事選では、条件付きながらも仲井眞知事の選挙対策本部長を務めた経緯がある。翁長氏は、知事就任以降、一貫して「辺野古新基地」に反対し、普天間代替施設の辺野古移設・建設及びそのための埋め立てを進める政府と全面対決を展開した。

翁長知事は、知事在任中、自著（注8）において、普天間・辺野古問題に対する自らの考え方や感じ方、信条などを赤裸々に説明している。同時に安倍総理大臣や菅官房長官、仲井眞前知事に対し、極めて激しい口調で非難を加えている。翁長知事は、政府との全面対決を〝誇り〟とし、あらゆる手段を講じて政府の「新基地」建設に反対を唱えた。

翁長氏は「民意」の変化を素早く察知し、多数の県民を「オール沖縄」陣営に引きつけ、知事就任後は「民意」を政府との闘争にまで発展させたという点で、歴代知事の中でも突出した存在であった。一方、翁長知事の進めた「法廷闘争」は、政府の辺野古埋め立て作業を中止させる結果をもたらさず、また、沖縄県民の「民意」に対する理解を県外及び国外に求める啓発運動の展開についても目立った成果は得られない中で、任期中に病没した。

玉城デニー知事

玉城デニー現知事は、2018年8月の翁長知事の病没を受け、その後継者として衆議院議員（自由党）を辞めて知事選に臨み、同年9月に知事に就任した。その後の普天間・辺野古問題についての県民投票や最近の国政選挙の結果を背景に、「民意」を旗印に掲げ、翁長前知事と同様「辺野古新基地反対」を訴えている。

玉城知事は、翁長前知事が行った「法廷闘争」の中で残された問題を改めて法的に問うとともに、政府の埋め立て作業の中止を訴える運動を県内外・国内外で展開している。玉城知事は、「闘争」という言葉を好まず、また「対話」を重視するという立場を取っているが、「辺野古新基地反対」という点で、翁長前知事との間に基本的な違いは認められない。

（注8）序章の注12『戦う民意』参照。

第五節　「民意」を反映する政治

「民意」を反映する政治は、民主主義の根幹に関わる重要な課題であり、国全体にとっても地方自治体にとっても等しく重要である。民主主義国では「民意」は為政者と人民との相互作用によって作り上げられ、為政者が「民意」に引っ張られた例も「民意」を引っ張った例も枚挙にいとまがない。

日本の場合は、小選挙区制の導入以後、浮動票の持つ影響力が増し、自民党の大敗、民主党の大敗、自民党の復権といったように、短期間で選挙結果が大きく振れた事例がある。一方、現在の安倍政権のように支持率の高い状況が長く続くとなると、突発的なことでも起こらない限り、その延長線上に安定的状況の継続が見えてくるというように、政治と「民意」の相関関係は複雑である。

２０１９年春、安倍内閣の某閣僚が沖縄県民投票の結果について記者団に問われ、「沖縄に『民意』があると同時に、国の『民意』がある」といった趣旨を述べて、後日その発言を撤回するという〝失言〟問題が生じた。閣僚発言としてこれがＴＰＯを心得たものか否かの議論はあるとしても、沖縄県の「民意」と県外、あるいは日本全体の「民意」が異なり得ることは、一般的にはその通りである。「県益」と「国益」が相反し、沖縄の「民意」が本土の人たちの意識とぶつかり合うことはこれまでもしばしば起こっていた。政府として沖縄県の「民意」を重く受け止めるべきであるとしても、沖縄の「民意」が国の「民意」につながらない事態が生じることは、これまでの沖縄の歴史が実証するところである。

また、１９９６年以来、現在に至るまでに、普天間・辺野古問題に対する沖縄県の「民意」が「辺野古移設やむなし」から「新基地反対」へと変化してきたように、「民意」は変化し得るものであり、将来再び「移設やむなし」派の知事が誕生する可能性もある。もしも玉城知事が翁長前知事と同様に、政府と全面対立し、新たなイデオロギー闘争を続ける場合には、「民意」をどれほど長い間、自らの側に引き付けておくことが可能か、今後試されることになる。

世界においては、民主主義発展の度合いは各国間で千差万別である。冷戦時代に広く言われていたように、「民主主義国は優れている」といった単純な議論はもはや成り立たない。今では各国において、「絶対」と「相対」、「普遍」と「個別」、「一様」と「千差万別」といった葛藤が目立ち、価値観の分裂、国内世論の分裂、暴力の蔓延（まんえん）、不満の増大などなどの現象が顕著になっている。

日本の場合は、均質性の伝統を基礎にして相対的に民主主義の程度が高い。同時に今後の民主主義のさらなる発展は、国民の努力にかかっているが、心配な面もある。例えば、政治分野では「固定票」の伸びがあまり期待できず、「浮動票」の取り合いに終始しているようでは、民主主義の発展には結びつかない。また、長期的観点よりも短期的観点の方が優先される傾向にある。今存在している現実が明日も続くのかは分かりにくい。〝世の無常〟や〝ハムレットの心境〟が身近に感じられる時代に入ってきた感がある。

翁長前知事は、「民意」に従い、民主主義を実践する政治の重要性を説いた。県民投票から1年たった2020年2月24日、玉城現知事は知事談話を公表し、「民意」や埋め立て地域の軟弱地盤問題があるにも関わらず、「なりふり構わず強引に工事を推し進める政府の姿勢は、民主主義のあり方そのものが問われる問題であります」と述べた。

翁長前知事や玉城現知事の「日本は法治国家なのか」「民主主義国なのか」「主権国家なのか」、そして「沖縄から日本を真の民主主義国に変えていく」という主張が、沖縄県外の人たちにどれほど説得力を与え得るものであるかについては、民主主義擁護を旗印にして辺野古「新基地」建設に反対するやり方は強引すぎるのではないかという観点を含め、別途検討する必要がある。

いずれにせよ、これまでの経緯から見て、普天間・辺野古問題を巡る沖縄県民の「民意」は、固定的ではなく可変的であることを念頭に置く必要がある。「辺野古新基地反対」の沖縄県民の「民意」が今後どのように推移していくかは、関心のあるところである。

第二章　沖縄の米軍プレゼンス

会見する稲嶺沖縄県知事（2001年7月4日）
米兵による婦女暴行事件について記者会見する稲嶺惠一沖縄県知事（東京都千代田区）
＜写真：時事＞

沖縄の米軍プレゼンスと地位協定の運用の現場に関わる日米間協力の枠組みの概要を、以下に紹介する。

第一節　在沖縄米軍の現況

基地面積と駐留兵力

沖縄県作成の統計資料集（注1）によれば、沖縄における米軍基地及び兵力の中核は、表2-1の通りである（統計集計時点の詳細などは同資料集を参考）。

基地面積（安倍総理大臣の説明）

2019年3月5日の参議院予算委員会において安倍晋三総理大臣は、質問に答え、1952年と2019年の間の沖縄県と本土における駐留米軍施設・区域面積の推移を明らかにした（表2-2）。

1952年のサンフランシスコ平和条約締結時以来、沖縄復帰を経てSACO最終報告公表時に至

表2-1　沖縄における米軍基地及び兵力

総面積 （平成29年3月末）	18,822 千㎡	
県土面積に 占める割合 （平成28年10月1日）	8.3%	
在日米軍専用 基地面積 （注2） （平成29年3月末）	全国	264,343 千㎡
	うち本土	78,250 千㎡
	沖縄県	186,092 千㎡
	全国に占める 沖縄県の比率	70.4%
在沖縄米軍基地 の所有形態と その割合 （平成29年3月末）	国有地	23.3%
	県有地	1.3%
	市町村有地	35.8%
	民有地	39.5%
在日米軍兵力 （平成29年9月末）	全国	44,545 人
	うち陸軍	2,581 人
	海軍	11,602 人
	空軍	18,585 人
	海兵隊	11,777 人
在日米軍兵力に 占める在沖縄 米軍兵力の割合 （平成23年6月末）	全国に占める 沖縄米軍の比率	70.4%
	うち陸軍	59.1%
	海軍	64.1%
	空軍	51.5%
	海兵隊	87.4%

（注1）沖縄県知事公室基地対策課著「沖縄の米軍基地及び自衛隊基地（統計資料集）」（平成30年3月発行）。同統計資料集には、基地の概況、基地と経済・財政、基地返還等の推移、演習・訓練及び事件・事故の状況等についての基礎資料が網羅されている。本章で考察する基地周辺問題に関する統計数字のほとんどは、ここから引用している。安倍総理が明らかにした数値と一致しないところもあるが、その精査は専門家の手に委ねたい。

（注2）本書では多くの箇所で、便宜的に「米軍用施設・区域」を「米軍基地」と表現している。なお、米軍用施設・区域は、正確には米軍専用と一時使用の施設・区域に分かれる。これについても便宜上、本書では専用の施設・区域のみを取り上げている。

表２−２　沖縄と本土における駐留米軍施設・区域面積の推移

年度	本土	沖縄
1952	135,200	12,400
1971（復帰直前）	21,400	35,300
1972（復帰直後）	19,600	27,800
1996（SACO 最終報告）	7,900	23,500
2019	7,800	18,500

（面積の単位はヘクタール）

るまでの期間、本土の米軍基地は減少を続け、その後はほとんど変化がないのに対し、沖縄の米軍基地は復帰時直前に１９５２年に比して約3倍増大し、その後１９９６年のＳＡＣＯまでに４３００ヘクタール、その後２０１９年までに５０００ヘクタール減少していることが、安倍総理大臣のこの答弁から分かる。

また、２０１９年時の在沖縄米軍基地面積は、サンフランシスコ平和条約の発効した１９５２年当時よりも大きいこと、さらに２０１９年の沖縄の米軍基地面積は、本土の米軍基地面積の２・37倍であることが分かる。

基地面積と県民負担（歴代知事の説明ぶり）

歴代沖縄県知事が県民の米軍基地負担の大きさを説明するために頻繁に引用する基本的な統計は、沖縄県土面積と国土面積の比較、及び全国の米軍基地面積に占める沖縄の米軍基地の占める割合である。２０１８年３月の沖縄県統計資料集（本章の注１参照）によれば、国土面積の約０・６％しかない沖縄県に全国の米軍基地面積の約70・４％

が集中している。

なお、２０１９年の在沖縄米軍兵力については、公表の統計資料がないので正確なところは分からない。前述の沖縄県作成資料集にて、別々の箇所に記載されている２０１１年9月末現在の全国における米軍兵力3万９２００人と同年の沖縄の米軍兵力を比較するならば、計算上は6割5分強の米軍兵力が沖縄に駐留していることになる。在沖縄駐留米軍に占める米海兵隊兵力の割合は高く、また、沖縄県民にとっての大きな基地負担の一つは、米海兵隊の大きなプレゼンスから派生する事件・事故である。

第二節　沖縄米軍基地の推移

政府、沖縄県資料、民間研究（注3）を適宜利用し、戦後の沖縄米軍基地の推移（主として基地面積の推移）を以下に概観する。なお、煩雑さを避けるため、個々の参考資料の直接引用は差し控える。

沖縄戦〜サンフランシスコ平和条約

１９４５年8月15日の敗戦後、連合軍は逐次本土に進駐していった。東日本には、米第8軍第9軍団、中国・四国を除く西日本には米第8軍第1軍団、中国・四国には米第6軍第10軍団が進駐した。沖縄には、同年3月26日に始まった沖縄戦を通じて、米第10軍が進駐していた。また１９４５年末からは全国的に、進駐軍の基地と進駐軍用の住宅のための土地建物の強制接収が行われた。旧日本軍が沖縄群島で取得していた軍用地は、約１４０８エーカーであった。一方、米軍は沖縄占領後同地で１９４９年までに約4万３０００エーカーを取得したとの数字があり、沖縄の基地負担は沖縄戦終了後短期間で戦前よりはるかに重くなった。

琉球銀行は、第一節で触れた沖縄米軍基地の所有形態について、①国有地、②旧沖縄県有地、③市町村有地、及び、④民有地の四形態をあげ、③と④が１９５０年代に「銃剣とブルドーザーによる土地の強制接収」と沖縄で広く呼ばれ、大きな政治問題となったと説明している（第一節で触れたように、２０１７年3月末現在、市町村有地は全体の35・8％、民有地は39・8％）。沖縄の基地負担問題が長く続く要因の一つは、この所有形態にあるといえるであろう。

その後、サンフランシスコ平和条約の締結が日米両政府の外交課題として浮上していく過程で、本土と沖縄の双方で米軍基地の整理縮小が見られた。一方、朝鮮戦争の勃発により、米政府にとって補給基地としての沖縄米軍基地の重要性は高まっていった。

〜日本復帰

1952年のサンフランシスコ平和条約締結から1957年までの間、在日米軍施設・区域の件数及び土地面積は漸減していき、翌1958年に一度急激に縮小した。1959年以降は、再び毎年漸減していくといった傾向を示した。その後、沖縄復帰の1973年3月31日時点では、在日米軍施設・区域は1960年頃の水準にまで一挙に戻った。

1953年7月の朝鮮半島における休戦協定の締結と極東米軍再編との関連で、1954年7月に米政府はそれまで本土に駐留させていた米海兵隊第三師団を沖縄に移駐させる決定を行い、沖縄において新たに大規模な土地接収を図った。これにより、沖縄本島に大規模な米軍基地が存在することになった。ちなみに、「沖縄米軍問題は米海兵隊問題」としばしば言われる契機になったのが、この米海兵隊第三師団の本土からの移駐である。

（注3）筆者の参考とした主な資料・文献は、次の通りである。
「外交青書」、「防衛白書」、「沖縄の米軍及び自衛隊基地（統計資料集）」、沖縄県知事公室基地対策課著「沖縄から伝えたい。米軍基地の話。Q&A　Book」琉球銀行調査部編『戦後沖縄経済史』（琉球銀行）、桜澤誠著『沖縄現代史――米国統治、本土復帰から「オール沖縄」まで』（中公新書）、池宮城陽子著『沖縄米軍基地と日米安保――基地固定化の起源１９４５―１９５３』（東京大学出版会）、高橋哲朗著『沖縄・米軍基地データブック』（沖縄探見社）、沖縄探見社編『データで読む沖縄の基地負担』（沖縄探見社）、篠原章監修『報道されない沖縄基地問題の真実（別冊宝島２４３５）』（宝島社）等々。

１９５２年のサンフランシスコ平和条約締結時から１９７２年の沖縄復帰までの期間に、在日米軍兵力は26万人から６万０００人まで減少した。これに対して、沖縄駐留兵力は軍人・軍属を合わせて４万２２２９人であった。これによって、本土復帰当時の兵力から見た沖縄県民の米軍基地負担は、全国民の米軍基地負担を母数にして、約65％という高いものになった。

また、１９６８年の小笠原諸島復帰時点では、在日米軍施設・区域の土地面積は３０３・００６㎢であったが、１９７３年の沖縄復帰当時には４４６・４１１㎢に増加した。ここからも、沖縄復帰の過程で沖縄における米軍基地負担が増加したことが分かる。

～ＳＡＣＯ合意とその後

１９７３年の沖縄復帰時では２万８３７８・０ヘクタールであった沖縄米軍基地面積は、１９９６年のＳＡＣＯ最終報告合意の年には２万４３４７・３ヘクタールであり、23年間で約３０００ヘクタールが返還されたことになる。その後もＳＡＣＯ最終報告に従って漸減していき、２０１７年５月時点では１万８８２２・２ヘクタールと、11年間でおよそ５５００ヘクタールが返還された。

「平成30年（２０１８年）版防衛白書」によれば、２０１８年１月１日時点で、在日米軍施設・区域（専用施設）のうち約70％が沖縄に集中し、県面積の約８％、沖縄本島の面積の約14％を占めている。

また、ＳＡＣＯ最終報告及びその後の日米間の追加的措置などを背景に、２０１３年に沖縄における米軍基地「統合計画」が公表され、普天間飛行場の返還などを含むすべての計画が実施された場合には、約1048ヘクタールが返還されることになる。

しかし、これら計画が終了した後も、依然、多くの米軍基地が沖縄に残る。

なお、現在米軍基地縮小の進捗状況は、県民に逐次説明されているが、沖縄復帰時点ではこうした透明性を持った整理縮小計画は存在すらしなかった。

第三節　米軍基地経済への依存度

沖縄経済と米軍基地との関係を巡っては、種々の観点からの議論が行われている。

例えば、「米軍基地は沖縄経済発展の一大阻害要因である」とする見方と「公的依存度の高い現下の沖縄経済の構造上米軍基地の存在は、依然として重要である」とする見方がある。また、「基地の押し付けと振興予算とのリンクが対沖縄政策の根本にある」といった政府批判や、「沖縄経済の自律的経済発展上の弊害となっている補助金的体質を変える必要がある」といった批判もある。

沖縄経済と米軍基地経済の基本的な特徴を以下に簡略に記す。

沖縄経済の潜在性

政府及び沖縄県公表の統計資料によれば、復帰以来現在に至るまで、沖縄の一人当たりの県民所得は、全国47都道府県の中でほとんど毎年最下位である。沖縄県公表の県民経済計算では、2016年度では一人当たりの県民所得は227万3000円、一人当たりの国民所得は308万2000円である。一方、その増加率を見ると、同年度の沖縄の一人当たりの県民所得増加率は、前年に比して5・6%であり、一人当たりの国民所得の増加率0・4%と比較して、著しく増加している。

沖縄県の人口も増加しており、県民所得は今後も増加していくことが見込まれる。特に近年の観光部門や物流部門の発展には著しいものがあり、今後ともこれらの部門を中心にして沖縄経済が発展していく可能性は高い。

とは言っても、統計資料から分かるように、47都道府県のうち下から5番目までの一人当たりの県民所得県の顔触れは、毎年同じようなものである。各県ともに懸命に努力していることもあって、沖縄県が一人当たりの県民所得別の地位を上げていくことは、決して容易ではない。

米軍基地経済への依存度

沖縄は長い間にわたって米軍基地経済に組み込まれ、基地依存度の高い経済構造となっていた。その後、沖縄復帰の年に政府予算から開始された累次の沖縄振興開発計画を通じて、政府は沖縄戦から米国の直接統治時代に立ち後れが目立っていた様々な基礎的な経済社会インフラを重点的に整備してきた。その延長線上で、２０１２年度からは沖縄県による自主的な長期構想を基礎にして策定された振興計画（現沖縄21世紀ビジョン基本計画）が開始された。

若干の統計資料を使って、復帰時点と最近の沖縄経済の発展、基地依存度などを比較してみよう（表2−3）。

２０１５年度の県民総所得に占める基地収入（財・サービスの提供、軍雇用者所得、軍用地料などの合計２３０５億円）の割合は５・３％で、日本復帰時の15・5％に比較して、約３分の１減少した。また、米軍基地従業員数は１万９９８０人から８８２５人に減少した。このように、沖縄経済に占める米軍基地依存度は確実に減少してきている。

同時に近年沖縄県の観光の発展には著しいものがあり、米軍基地収入の2・6倍となり、県民総所得に占める割合は、６・５％から13・８％まで増加した。

一方、沖縄経済は、第一次産業から第三次産業までを広く含む重厚さに欠けている。沖縄県内で自立経済を求める声が強いが、例えば、前述

表２−３　復帰時点と最近の沖縄経済の発展、基地依存度

	1972年度	2015年度
ア）県民総所得	5,013億円	43,644億円
うち、米軍関係受取	777億円（15.5%）	2,305億円　（5.3%）
観光収入	324億円　（6.5%）	6,022億円（13.8%）
農林水産業純生産額	287億円　（5.7%）	316億円　（0.7%）
イ）駐留軍従業員数	19,980人	8,825人

の米軍基地収入に当たる2000億円台の県民所得収入源を捨てて、これに匹敵する給与を社員に与えることのできる新たな民間会社や民間産業を短期間で立ち上げる力を沖縄経済が持っているとは言い難い。沖縄経済発展のためには、今後とも長期的に努力を重ねていくことが必要となる。

沖縄経済の米軍基地経済に対する依存度が減少しているのは、米軍基地経済の規模に大きな変化がない中で、観光や情報通信などの民間部門を中心にして沖縄経済が発展しているためである。基地収入については、直接収入だけを見ても無視できる額ではなく、また、基地関連の間接収入に加えて沖縄の日本復帰以降続く特別税制優遇措置、沖縄県にのみ存在する一括交付金制度、公共事業の遂行に際しての高率補助制度などなどの財政制度を見れば、米軍基地経済が今後の沖縄経済にとっても引き続き極めて重要である。基地依存度の減少だけをもって、沖縄経済にとっての米軍基地経済の重要性を軽視することはできない。

「沖縄21世紀ビジョン」

現在の沖縄振興計画に取り入れられている「沖縄21世紀ビジョン」は、東アジアの中心に位置するという地理的優位性、豊かな観光資源、沖縄本島中南部都市圏の優位性などを強調している。これは、米軍基地の跡地利用の観点からも極めて重要である。例えば、普天間飛行場返還後のことになるが、跡地の持つ沖縄経済発展への貢献度には、非常に大きいものがあると予想されている。

普天間飛行場の返還は、周辺住民の安全安心確保の上で極めて重要である。また、１９９６年に比べ、返還に伴う同飛行場跡地の経済的価値は今では当時の何倍にも増大し、跡地の適切な活用による沖縄県経済への大きな貢献が期待されている。総じて普天間飛行場の返還は、沖縄経済の東南アジアなど外国との結びつき強化の起爆剤となることが期待される。

なお、将来の沖縄経済発展について現実的な青写真を描く場合には、今後とも沖縄県にはかなり長い間米軍基地が存在することを前提とした上で、様々な角度から将来の経済の発展性を検討していくことが重要となる。

第四節　基地から派生する典型的な問題

沖縄について多くの人たちが持つイメージは、真っ青な空や紺碧(こんぺき)の海、サンゴ礁と熱帯魚、白浜、ガジュマル、亜熱帯雨林、さとうきび畑といった自然環境、そしてエイサー、カチャーシー、琉球踊り、三線、島唄、沖縄民謡、琉球料理に泡盛、といったことであろう。近年、国の内外から沖縄に観光に行く人たちが多くなり、沖縄の観光産業は急速に発展している。沖縄を訪れる人たちの多くは、沖縄の諸々の伝統文化やエンターテインメント、これに加え、「おもてなしが上手で温かい人たち」と、ともかく明るく平和でゆったりとした時間がたっていく亜熱帯の生活によい印象を持ち、再訪を楽しみにする。

その一方で、集中する米軍基地、嘉手納町にある巨大な米空軍基地、「世界一危険」と言われる宜野湾市の米海兵隊普天間飛行場、米軍機から発せられる轟音、オスプレイなどの米軍機の墜落事故、海兵隊の地上射撃訓練、狭い地域での落下傘降下訓練、米軍関係者による事件・事故、キャンプ・シュワブ米海兵隊基地周辺辺野古地域における普天間飛行場代替施設建設計画と抗議集会、抗議集会に集まる人たちの怒っている表情などなど、沖縄にはもう一つの現実がある。

「平和と戦争」というコントラストを静かに歌ったのが、森山良子の「さとうきび畑」（寺島尚彦作詞作曲）であり、コザ暴動と激しい沖縄ロックの音を背景にした日本復帰前の混沌とした沖縄を描いたのが、平成最後の直木賞作家である真藤順丈の『宝島』（講談社）である。いずれも沖縄戦に続く沖縄県民の辛い諸体験について、ある種の冷静さをもって後世の人たちに伝えようとする力を秘めている作品である。

那覇在勤中に筆者は、普段は優しい県民が米軍関連の事件・事故の発生した途端に、怒れる県民へと変貌する大きなコントラストを何回か目の当たりにした。筆者の体験した具体的な事件・事故対応の内容や再発防止策については後述することとし、本節ではその前提となる事件・事故に関わる基礎的な状況を説明する。

大事故及び凶悪犯罪の推移

――代表的事例

敗戦後から最近に至るまで沖縄で発生してきた米軍関係者による事件・事故のうち、代表的なものには、以下のようなものがあった。

沖縄の日本復帰までの代表例は、伊江島で荷揚げ中の米軍爆弾爆発による連絡船乗客１０６人の死亡事故（１９４８）、永山由美子ちゃん（6歳）に対する暴行殺人事件（１９５５）、宮森小学校への米軍機墜落による小学生11人を含む18人の死亡事故（１９５９）、具志川市への米軍戦闘機墜落事故（１９６１）、嘉手納村への米軍戦闘機墜落事故（１９６１）、嘉手納村への米軍輸送機の墜落事故（１９６２）、棚原隆子ちゃん（11歳）が米軍機より投下されたトレーラーの下敷きになって死亡した事故（１９６５）、嘉手納町の道路へのＫＣ－１３５輸送機墜落事故（１９６９）、知花弾薬庫でＶＸガス漏出による米兵など24人の負傷事故（１９６９）、コザ暴動発生（１９７０）、米海兵隊員によるホステス殺人事件（１９７１）であった。

その後、金武村の少女に対する米兵３人による暴行事件（１９７４）、普天間飛行場への米軍ヘリ墜落事故（１９８２）、普天間飛行場へのヘリ墜落事故（１９９１）、嘉手納基地内弾薬庫近くへの米軍Ｆ－15戦闘機墜落事故（１９９４）といった事件・事故が続き、１９９５年には海兵隊員ら３人による少女暴行事件が生じた。

ＳＡＣＯ最終報告の発表以降最近までの代表例としては、沖縄国際大への米軍ヘリの墜落事故（２００４）、米軍属による女性暴行殺人事件（２０１６）、米空軍兵による婦女暴行事件（２００１）、名護市東海岸へのオスプレイ墜落事故（２０１６）、高江の民間地へのＣＨ53型ヘリ不時着、大破炎上（２０１７）、米兵飲酒運転による死亡事故（２０１７）、ＣＨ53型ヘリの窓枠、体育授業中の普天間第二小学校校庭に落下（２０１７）、ＡＨ１Ｚ型ヘリ読谷村の観光ホテル付近不時着（２０１８）、名護数久田の農園へ流弾（２０１８）、米兵による女性殺害と自殺（２０１９）などなどが生じている。

──凶悪犯検挙状況の推移

毎年沖縄県警察本部は、サンフランシスコ平和条約締結以降の米軍関係者による事件事故の詳細な資料を公表している。煩雑を避けるため、その中から、沖縄復帰の１９７２年から２０１７年までの間の全体の推移を概観すると、**表2-4**のようになる。

この単純比較から出てくる特徴は、沖縄の復帰以降、沖縄県内の全刑法犯検挙件数が若干の減少を示しているのに対して、米軍関係者の検挙件数については三桁から二桁に減少していることである。また、その内数である凶悪犯の検挙数については、二桁から一桁に減少している。

なお、この表には入っていないが、県警資料によれば、凶悪犯検挙数は１９７２年から１９８５年

表２-４　米軍関係者による事件事故の推移

	検挙件数の合計	うち凶悪犯	沖縄県内の全刑法犯の検挙件数	うち米軍関係者事件比
1972	219 件	24 件	4,656 件	4.7％
2017	48 件	4 件	4,424 件	1.1％

まで毎年二桁台が継続し、１９８６年以降は、１９９１年に10件であったことを除いて、２０１７年に至るまで継続して一桁台で推移してきている。

全刑法犯の検挙件数の合計及びそのうちの凶悪犯の検挙件数についての県警資料によれば、米軍関係者による事件は復帰以降は減少を続け、近年には低レベルで推移している。また、沖縄県内の全刑法犯の検挙件数とそこに占める米軍関係者の検挙件数を比較すると、復帰時より米軍関係者の構成比は減少している。

こうしたことから、米軍関係者による検挙件数は、長年にわたって減少してきており、最近では低位で推移していることが分かる。一方、県警資料には個々の事案の凶悪性についての説明はなく、表に出ている数字だけをもって米軍関係者による刑法犯罪が管理可能の範囲（米国人たちがよく使うmanageable）にあるか否かの判断はできない。また、米軍基地内で発生して米軍法会議の対象となる刑法犯罪についての実態は不明である。

なお、米軍関係者による交通違反や人身事故に対する考察は、次の機会に譲ることにする。

米軍関連事故の中でも特に県民にとって大きな影響を与えるのが、航空機による事故である。復帰前は多くの人たちを巻き込んだ痛ましい事故がしばしば発生した。復帰後は、沖縄県警資料によれば、現在に至るまで、人身事故の発生件数（合計）は28件、うち固定翼機による事故件数が10件、死亡２人、行方不明５人、負傷10人であり、ヘリコプターなどによる事故件数が18件、死亡33人、行方不明19人、負傷81人である。

これら事故のうち、２００４年に起きた沖縄国際大学構内へのヘリ墜落事故は、人身事故には至らなかったものの深刻な事故であり、また米軍側が沖縄県警の現場立ち入りを拒否したことから、地位協定上の問題を浮き彫りにした。

その後は県民を直接巻き込んだ人身事故こそ発生していないものの、最近の３年間は普天間飛行場所属の海兵隊ヘリの墜落事故や飛行場周辺の幼稚園・小学校などへの部品落下事故が生じていて、県民の心配は絶えない。県警側の事故現場への立ち入りや調査については、前述の沖縄国際大学構内墜落事故以降政府による「運用改善」が図られているが、依然として現場では制限される状況が続き、沖縄県側は是正を強く求めている。

「点」と「線」

既述のように、日頃「点と線」という表現を口にしていた稲嶺（いなみね）知事は、「日米両政府がこれを軽視して対応を誤り、鬱屈（うっくつ）した反基地県民感情の『マグマ』が高まって流れ出るような事態を招かないよう十分注意するように」と警告していた。

日本復帰が迫っていた1970年12月末に発生したコザ暴動や1995年9月の少女暴行事件は、県民感情が爆発して「マグマ」が火口から流出した典型的な事件であった。

筆者は、那覇就任前の本省における沖縄米軍基地問題に関するブリーフィングにおいて、稲嶺知事の「点と線」や「マグマ」について詳細な説明を受けた。そのこともあって着任後は、在沖米軍幹部と会う際には、まずこの問題について相互理解を深めることが重要と感じていた。在沖米軍のトップであるアール・ヘイルストン四軍調整官（第三章参照）と初めて面談した際、「点と線」「マグマ」、本土と沖縄の「温度差」といった稲嶺知事の問題意識を取り上げ、「お互いに沖縄の人たちが米軍関連事件・事故に悩まされてきた歴史的経緯を忘れないようにしよう」と語りかけた。

その後、沖縄米軍基地に配属されたばかりの米海兵隊員に対する軍内部のオリエンテーションに招かれ、沖縄事情について若い海兵隊員たちにレクを求められたとき、筆者は「点と線」の問題に言及した。また、米国沖縄商工会議所の月例昼食会で講演を求められた際、米国の民間ビジネスマンや米軍中堅幹部を前にして、この問題に焦点を当てた話をした。のちに同会議所会報において、「Dot and Line, The View of Okinawans on the Military Base」（「点と線、沖縄の人たちの対米軍基地観」の意味）との見出しで、講演概要が紹介された。

周知のように、沖縄県では、沖縄戦の記憶継承の努力が積み重ねられており、戦後の大きな米軍関連事件・事故についても同様である。例えば、最近の例でも、２０１９年6月30日に宮森小学校米軍機墜落事故60年の慰霊祭が行われ、玉城知事は「この60年、過重な基地負担から生じる事件・事故が繰り返されている」と挨拶で述べた。また、同年8月13日の沖縄国際大学への米軍ヘリ墜落事故15年を迎えるに当たって、同月９日の記者会見で松川正則宜野湾市長は「市民の負担限界」と述べた。

那覇在勤中に筆者が「点と線」の問題に触れると、米側からため息が漏れることがよくあった。同時に、筆者がある個別事件・事故の対応している過程で、県民感情に配慮する重要性に触れた際、米軍幹部の方から「『Dot & Line』のことですね」とすぐに反応してきたこともあった。

在沖米軍幹部も、「点と線」問題に対する正しい認識を代々継承していくべきである。

第五節　沖縄における日米間の協議・協力

事件・事故などの対応に関して、筆者が在勤当時の現地レベルの日米間協議の枠組みは、以下の通りであった。現在、こうした枠組みは十分には活用されていないようにも見える。次の第三章を含め、読者の参考までに、当時の活用状況を若干詳しく説明したい。

現地協力の枠組み

――三者連絡協議会

三者連絡協議会は、1979年7月19日に県や国、在沖米軍などの代表者が出席し、それぞれの関心事について協議する現地協力の枠組みとして設置された。同協議会は、「沖縄県、那覇防衛施設局及び米軍沖縄地区調整委員会の各軍の代表をもって構成する」、「アメリカ総領事館の代表者も出席することができる」とされた。後年1997年2月5日に、「外務省沖縄事務所の代表が那覇防衛施設局の代表とともに、在沖日本政府の一員として参加すること」、また「在沖米国総領事が米国側の正式メンバーであること」が三者間で正式に確認された。

同協議会の目的は「沖縄県に所在する施設・区域を管理・運用することから生ずる問題」であって、三者の「それぞれ共通の関心を有するものについて、それぞれが拘束されない自由な立場から協議する」こととされた。また１９９７年2月５日には、「協議会に提案できる事項は、基地に関する諸課題のうち、現地レベルで解決ができるものに限る」ことが三者間で確認された。

同協議会開催の手続きは確立されており、まず事務レベルの幹事会があって、そこで議題の設定などの協議会の諸準備を行っていた。三者連絡協議会は「原則として毎四半期に一回」開催されることになっていたが、１９９０年代に入ると会合が開かれない年も出てきた。沖縄在勤中は協議会が三回開催された。会議の議長は持ち回りになっており、筆者も一度、議長役を務めた。

協議会開催後は、共同記者会見発表文を発出して会見が開かれ、冒頭議長から会議の概略の説明をするのが慣わしになっていた。発表文には、「前回の議題の進捗状況の報告」と「今回の議題をめぐる協議」の二つに分けて協議の概要が記録されていた。

事件・事故、環境、地元交流などは三者連絡協議会でほぼ恒常的に議題として取り上げられ、当時県、米軍、国の間の協力はそれなりに進んでいた。一方、前述のように、三者連絡協議会が開かれる直前になって大きな事件や事故が発生した際には、県民の関心はその特定の問題に集まった。

三者連絡協議会は、在勤中に筆者が出席した第23回会合の後は、第24回会合（２００３年5月２日）の開催を最後にして、２０１９年末まで開催されていない。

——ワーキングチーム

もう一つの枠組みは、２０００年10月に設置された「米軍人・軍属等による事件・事故防止のための協力ワーキングチーム」（通称「ワーキングチーム」）で、県や県警本部、関係市町村（名護市、沖縄市、宜野湾市、金武町、北谷町）、関係団体（関係市町村の商工会議所、商工会、社交飲食業組合）、在沖米軍、在沖米国総領事館、那覇防衛施設局、沖縄総合事務局及び外務省沖縄事務所の代表が参加する事務レベルの協議機関である。外務省沖縄事務所が事務局役を務めていた。

ワーキングチームは、「米軍施設・区域外における米軍人・軍属等による公務外の事件・事故の防止を図ることを目的とし、関係機関が協力してその対策を協議・調整すること」とされ、米軍の綱紀粛正策の効果的な実施、生活指導巡回、未成年者への酒類の販売禁止と未成年者の飲酒防止などについて話し合いが行われていた。

つまり、ワーキングチームは個別の事件・事故の処理を取り扱うために設置されたものではなく、いわば、中長期的観点から米軍関係者による事件・事故の再発を防止するために、関係者間の協力を図る事務レベルの話し合いの場である。

筆者が在勤中に四回開かれた会合では、米軍関係者に沖縄の歴史や文化を理解して貰うための手立て、在沖米軍による生活指導巡回のより効率的な実施のやり方、飲酒による事件・事故発生防止のために実施している基地ゲートチェックのより効果的な実施、新規着任海兵隊員に対する交通法規及び風俗営業法の講義、「シンデレラ・タイム（大人は午前零時までに帰宅するとのキャンペーン）」の協力、交通安全県民運動への協力、軍人・軍属の子弟の犯罪防止などなどについて、幅広く意見交換が行われ、関係者間の地道な協力が進められていた。

三者間協議の実態

筆者が那覇在勤中に経験した、国・県・在沖米軍間の正規の三者連絡協議会及びその枠外の臨時の会合の概要は、以下の通りである。

――臨時の実務者間会合

外務省沖縄事務所は、２００１年に北谷町美浜ビーチで発生した婦女暴行事件（第三章参照）について、数々の県内諸政党、諸団体から要請（抗議）を受けた。事務所が受け取った要請文は、共通して事件発生を遺憾とし、政府に再発防止の徹底を求め、地位協定の抜本的見直しが求められていた。

筆者が直接応対した人たちからは、口頭で「ワーキングチームは再発防止に役立っていない」「過去の教訓が活かされていない」「これまでの再発防止策は『空手形』だ」「容疑者の任意取り調べについて、県警がいちいち在沖米軍の同意を求めなければならないのは、主権国家としておかしい」「在沖米軍の兵力削減しかない」「なぜ容疑者引き渡しがなかなか進まないのか」「地位協定の抜本的改訂が必要である」「外務省は外交姿勢を変えて、沖縄県民の命と暮らしのために立ち上がってほしい」「夜間外出禁止措置、美浜地域への立ち入り禁止措置を在沖米軍に申し入れるべきである」「被害者に対する補償を求める」「在沖米兵の徹底的な教育を要求すべきである」などなどの厳しい批判が寄せられた。

外務省沖縄事務所として、至急新たな対応措置を取る必要が痛感された。ワーキングチーム会合は、その設置目的との関係で、北谷町事案への対応という点では開催が困難であった。そこで、事件発生から2週間が経過した7月13日、臨時で特別な会合という形式で、北谷町の婦女暴行事件に直接的に関係する北谷町や沖縄県、在沖米軍、那覇防衛施設局、沖縄総合事務局、外務省沖縄事務所、在沖米軍、米国総領事館などの事務レベルの代表が、沖縄事務所に集まった。

同会合では、北谷町の要望事項を中心に議論が進められた結果、在沖米軍による北谷町での生活指導巡回地域の拡大、従来在沖米軍内で実施されている「シンデレラ・タイム」の励行の呼びかけなどが合意された。一方、県や北谷町が一定時間以降の外出制限（いわゆるカーフュー〔夜間外出禁止令〕）を求め、これが後述の三者連絡協議会にまで尾を引くことになった。

同年7月27日、キャンプ・バトラーの将校クラブで、稲嶺知事やヘイルストン四軍調整官、ベッツ米総領事、山崎信之郎(しんしろう)那覇防衛施設局長と筆者の参加した三者連絡協議会が開催された。議題は、①軍人・軍属による事件・事故の防止、②米軍施設内における環境の保全、③事件・事故の情報提供、④基地内文化財調査の円滑実施、⑤地域社会との共同活動の増進、であった。

会議後に行われた共同記者会見に際しては、議論の流れを示す文書が記者団に配布された。同文書では、「深夜外出制限措置については、今後ワーキングチームで検討をしていく」と記されていた。地元メディアは、深夜外出制限措置が「検討」とされただけで実際に制限措置は取られなかった点を取り上げ、ヘイルストン四軍調整官に対して再三にわたり質問を繰り返した。

翌日、地元紙は、三者連絡協議会出席者の憮然(ぶぜん)とした表情を捉えた写真とともに、「米軍に反省なし」「地元との認識にズレ」「米兵犯罪防止策、『先送り』に反発」「三者協に疑問符」「国と県の溝深まる」「国は米軍側に立つ？　先送り判断に深まる無力感」などの見出しで、日米両政府に対する厳しい見方を報道した。また、「外出制限などの事件・事故の再発に対する具体的な防止策が示されず、かろうじてワーキングチームで継続協議する余地を残すことで決裂の印象を抑えただけであった」とする論評が報じられた。

――第22回三者連絡協議会

２００２年２月12日、稲嶺知事が議長として開催された協議会の議題は、①英語教育ボランティア、②松くい虫被害対策の徹底、③環境問題、④米軍施設・区域内における航空機の緊急・予防着陸並びに不発弾の処理に関する情報提供、⑤米軍人・軍属による事件・事故の再発防止、⑥学生のためのインターンシップ・プログラム、であった。

筆者が在勤中に出席した三回の三者連絡協議会の中で、この22回協議会は、中長期的観点から自由に意見交換を行うとする同協議会設立の趣旨に最も近いもので、建設的な意見交換が行われた。県側からの議題に沿った幾つかの問題提起に対し、在沖米軍側は前向きに対処する姿勢を示した。地元メディアは、この平穏裡（へいおんり）に行われた協議会開催については、何も報道しなかったと記憶する。

――三者特別会合

２００２年３月７日の普天間飛行場でのＣＨ53型ヘリコプターの機体火災事故、同４月８日の米軍嘉手納空軍基地所属Ｆ－15 戦闘機から基地内への訓練用照明弾落下事故、同４月18日の普天間飛行場でＣＨ－53型ヘリより飛行場内への燃料タンク落下事故、同26日の嘉手納所属Ｆ－15戦闘機の公海への風防ガラス落下事故、同飛行場における海軍Ｃ－２輸送機から飛行場内への燃料漏れ事故などの航空機事故が相次いで発生し、前述のように、グレグソン四軍調整官は4月30日に記者会見を開いて、事故原因について説明した。

その後、県の要請で、2002年5月14日に宜野湾市内のホテルで、稲嶺知事、ティモシー・ラーセン四軍調整官代行と筆者の三人が参加する臨時の特別会合が開かれた。これは、三者連絡協議会の枠外で行われ、那覇防衛施設局と米国総領事館代表は参加しなかった。

会合は非公開で行われ、三者連絡協議会のような会合後の共同記者会見は行われず、筆者の定例記者会見と兼ねて会合後に筆者から会合の概要を説明した。その中で筆者は、「稲嶺知事が会合で、相次ぐ米軍機の事故の再発防止策や通報の迅速化を強く求めた」と述べ、ラーセン四軍調整官代行が「好意的通報に努力する」「問題への対応や確認に一定の時間がかかる。意図的に通報を遅らせているわけではない」と述べたことを披露した。

翌日の地元メディアは、同調整官代行の発言を従来の米軍の方針を繰り返したものとしつつも、米軍側の努力に一定の理解を示す報道ぶりを示した。

——第23回三者連絡協議会

2002年7月31日、第23回三者連絡協議会が那覇市内のホテルで開催され、稲嶺知事、グレグソン四軍調整官、ベッツ米総領事、山崎那覇防衛施設局長と筆者が参加した。議長は筆者が務めた。議題は、①米軍人・軍属による事件・事故の再発防止、②米軍施設・区域内における航空機関連事故などの通報体制、③環境保全に関する協力、④県民と在沖米国人との交流に係る非政府の枠組み設置への支持、であった。

この協議会開催の1週間前（7月23日）に名護市数久田の農地に、近くの海兵隊基地における射撃訓練中に発射されたと見られる銃弾が着弾した事案が発生し、その後、県内で抗議活動が続けられた。この事案については、次の第三章で説明する。

三者連絡協議会の後で開かれた共同記者会見の冒頭では、筆者は「流弾事案については、本日の三者連絡協議会の議題ではない」と前置きした上で、各代表者による挨拶の中で触れられた主要点を改めて説明した。

続いて行われた記者からの質問は、ほとんど流弾事案に関するものであったが、一問だけ基地内文化財調査についての質問が稲嶺知事に出された。知事は、普天間基地にはすでに文化財調査が入っているとし、「『返還跡地利用促進のため、文化財・環境調査を目的とする基地内立ち入り要請に、積極的に協力する』との発言を米軍側から得ている。これは評価したいと考える」と答えた。

三者連絡協議会の模様について、7月31日の地元紙夕刊は「被弾事件で稲嶺知事、語気強め〝中止を〟」「不安解消されない、名護、訓練廃止先送りに不満」「知事、実弾訓練の廃止要求」「米軍、原因究明を優先」「訓練再開の説明なし、調整官〝15年前の事で困難〟」といった見出しで、数久田の事案について大々的に報じた。

同時に地元紙は、基地内の環境・文化財の立ち入り調査について、要望があれば米軍が積極的に検討することを確認、市街地上空の低空飛行訓練、軍人軍属子弟による事件事故の防止、通報体制の改善、環境保全についての協力、米軍と地元の文化・スポーツ交流について話し合った云々として、協議のメインテーマについても報道した。1年前の第21回三者連絡協議会の際の報道ぶりと比較して、よりバランスの取れたものであった。

その後、8月4日付地元紙は「問われる三者協、被弾事件議論なく形がい化浮き彫り」との見出しで、解説記事を大きく掲載した。筆者は同記事によって、三者連絡協議会の性格について無用な誤解が生じることを恐れた。そこで、三者連絡協議会が、県と在沖米軍のトップが国の出先機関代表とともに基地問題に関わる諸問題を話し合う唯一の公式の場であり、また、今回の数久田の事案が会合で取り上げられなかった理由について、先般の協議会後の記者会見の模様を改めて説明する文書を送り、8月12日にこの投稿は同紙に掲載された。

――同時多発テロ

2001年9月11日に発生した、米国同時多発テロ事件（以下「9・11事件」）の沖縄に対する影響について、以下に説明する。

同9月19日に小泉総理大臣から同時多発テロへの対応に関する7項目が発表され、その中で在日米軍施設・区域に対する警備の強化が掲げられた。9月21日、外務本省は全国の関係自治体に、米国原子力潜水艦が本邦に寄港する際の公表について協力要請を行った。沖縄県では米国原子力潜水艦がホワイト・ビーチに寄港しており、通常政府は入港24時間前に県に通報し、その内容を県から報道各社に公表する形を取っている。

9・11事件の発生に関連し、米国政府は日本政府に対し、「寄港中の艦船に対する脅威が、万が一でも生じることのないように対応する」ことを要請してきた。この要請を受けて政府は、県に対し、「24時間前の寄港の通報体制は維持していくが、当面の間、県から報道各社に対するその内容の公表は差し控えるよう」要請し、また、「寄港中の放射能調査の実施結果は、これまで通り、入港後に適切に発表されると承知している」として、現下の状況に鑑み、当面の間の例外的な臨時の措置に対して協力要請を行った。

同21日、稲嶺知事は、「国の要請に対して、政府からの寄港通知の公表を控える」「放射能測定結果はマスコミなどに公表する」「県としては、県民生活に影響を及ぼすおそれのある事案については情報収集と公表に努める」と発表した。

その直後、米側は外務本省に対して、横須賀・佐世保の米海軍施設や沖縄のホワイト・ビーチ地区の周辺及び米軍艦船の上空で、複数の日本の小型航空機が飛行し、危険な状況が続いているため、当面の間、小型航空機によるこれらの区域での上空飛行を自粛するよう、別途要請してきた。外務省は国土交通省にこれらの対応を要請し、同省からこの飛行自粛に関する航空情報が発出された（注4）。

10月8日、県警本部は九州と中部の管区警察局の機動隊員400人強の特別応援を受けて、県警機動隊員と合わせて最大800人態勢で、在沖縄米軍基地や総領事館の警備を強化することを記者発表した。同日午後、その第一陣として約120人の機動隊員が航空自衛隊輸送機2機で航空自衛隊那覇基地に到着し、その模様がテレビで大々的に報道された。これを機に、沖縄の安全性及び観光に与える打撃についての問題が一挙に顕在化してきた。

同日、筆者がグレグソン四軍調整官に会った機会に「県民に対するメッセージがあるか」と聞いたところ、「沖縄は安全である。沖縄に具体的なテロの脅威があるわけではない」「在沖米軍基地の警護について県及び県警本部から得ている協力に感謝している」「基地ゲートの警備強化により、交通に影響が出て、県民に迷惑をかけているが、不測の事態を避けるためのきちんとした検問の実施は、結果として県民の利益にもつながることを理解してほしい」と答えた。これを記者会見で説明したところ、地元メディアは同調整官の回答ぶりを報道した。

9・11事件の発生後、修学旅行を中心に沖縄観光のキャンセルが相次ぎ、沖縄経済への悪影響が深刻な問題として受け取られていった。県内では「『沖縄が危険である』との〝風評打破〟を本土に向かって行う必要がある」との声が急速に高まっていった。県の関係者は事態打開のためにいろいろと動き始め、内閣府を中心に政府でも「沖縄のために何ができるか」と検討が行われ始めた。

この関連で、沖縄現地関係者の自主的な措置として、10月19日、沖縄担当大使・県知事・四軍調整官の「緊急三者会合」が那覇市のホテルで開かれることになった。

非公開の同会合直後の記者会見の場で、参加者を代表して筆者は、出席者間で認識の一致が見られた点として、①現在、沖縄にテロの脅威があるとの情報はない。沖縄は安全である。ただし、一般論として、警備に万全を期すことは必要であり、沖縄でも警備が強化されているが、住民の生活に極力支障が出ないように配慮することが必要である、②住民の生活に影響があるような問題については、できる限り地元に情報を提供するように配慮する、③現在のような状況下では、事件・事故の防止につき、一層徹底した対策を講じる、④引き続き関係者間で緊密な連絡体制を維持していく、との4点を説明した。

また、この会合で稲嶺知事から、①今回の事件によって、犠牲者となられた方々へのお見舞いの電報をブッシュ大統領に送った、②10月15日現在、沖縄への修学旅行・団体旅行は、987団体、約12万7000人ものキャンセルが生じており、県と政府が協力して対策を講じることになっている、

（注4）この2つの措置のうち、沖縄関連の航空情報については、2002年4月5日に海兵隊施設・区域（キャンプ・ハンセン、キャンプ・シュワブ、キャンプ・コートニー及び泡瀬通信施設）上空が解除された。しかし、私の沖縄在勤中、天願桟橋及びホワイト・ビーチ上空の航空情報は継続されたままであり、また原潜の寄港情報についても臨時措置が継続されていた。

③四軍調整官・沖縄担当大使には、9・11事件後も県民生活や経済活動は平常通り行われていることを関係者にアピールしてほしい、との発言があったことを披露した。

さらにグレグソン四軍調整官から、①今回の犠牲者に寄せられた哀悼の意と同情に対して深く感謝する、②これまで日本政府や県、県民、県警、海上保安庁、関係市町村から得られている理解と協力にも感謝する。テログループは厳戒体制を嫌うことから、在沖米軍は厳戒体制という「勇気ある顔」を示しているが、沖縄に特に脅威があると考えているわけではない、との発言があったことを披露した。

この緊急会合の模様について、地元紙は「不安解消へ連携強化、県、米軍、外務省〝安全〟アピール」「県民不安解消に米軍前向き姿勢、テロ対策で緊急三者会合」といった見出しで報道した。

幸い、その後、県民の不安がさらに大きくなるという事態は回避された。

沖縄の観光打撃に対する県の必死の努力は継続し、政府もこれに全面的に支援した。翌2002年の夏のシーズンまでに、沖縄観光は再び力強く発展の道を歩むようになっていった。こうした動きが見られる過程で、2002年2月20日、沖縄への機動隊員の臨時派遣は終了し、在沖米軍基地に対する24時間警備体制も解かれることとなった。

第六節　外務省沖縄事務所

事務所開設の経緯

那覇市内に外務省沖縄事務所のあることを知っている人は少ない。１９９６年9月17日、沖縄訪問中の橋本龍太郎総理大臣は、県知事や米軍基地関係市町村長と懇談した際、政府は米軍に関する地元の意見・要望を聞いて、「より迅速に対応できるようにする必要がある」と述べ、その一環として大使を長とする外務省の事務所を那覇に置く意向を示した（注5）。これが発端となって、翌１９９７年2月、外務省沖縄事務所が開設された。

同2月22日、池田行彦外務大臣は、外務省沖縄事務所の開設に合わせて沖縄を訪問した。地元紙の一つは、「１９７５年7月19日に、三木武夫総理大臣が13閣僚とともに海洋博開会式に出席した際に同行した宮澤喜一外務大臣以来、22年ぶりの現職外務大臣による訪問である」と社説で解説した（注6）。

（注5）当時の筆者は、橋本総理大臣が「地位協定を預かっている外務省北米局の担当職員が本省で机の前で『ふんぞり返って』いるのではなく、誰か責任者を沖縄に派遣させて現場で『汗を流させよ』と考えて、外務省沖縄事務所の開設を求めたもの」と理解していた。一方、序章で触れた折田正樹著『外交証言録　湾岸戦争・普天間問題・イラク戦争』（岩波書店）によれば、同事務所開設は外務省事務方の発案であったようだ。

また、同地元紙は、池田大臣が大田昌秀知事に対して、当時の沖縄で大きな問題となっていた鳥島における米軍射撃訓練中の劣化ウラン弾使用事案について、「今後は外務省沖縄事務所を通じて、県との意思の疎通を図っていきたい」と述べた旨を報じ、また、原島秀毅初代沖縄担当大使の着任に関連し、「米軍に対して『言うべきは言う』沖縄担当大使に期待する」と論評した。

これらの報道ぶりから、沖縄の米軍基地問題における外務省沖縄事務所の役割に対する池田大臣の意向、また、当時の地元沖縄側の沖縄事務所に対する期待の一端をうかがい知ることができる。

外務報道官の任務を終え、筆者は1998年からシンガポールで大使として勤務していた。そんな2000年後半のある日、本省から連絡が入り、「翌年早々に外務省沖縄事務所への転勤」という内示を受けた。

それまでの筆者の沖縄関連の経験は、既述のように、在米日本大使館勤務中、訪米の大田県知事はじめ米軍基地関係市町村長や議会の代表団の方々と会い、米軍基地問題にまつわる生の声を聴いたこと、及び、外務報道官時代に那覇に出張して一度講演をしたことの二つに限られていた。那覇勤務を命じられるとは、夢にも思っていなかった。

2001年1月、筆者がシンガポールから東京に戻った際の沖縄関係大臣は、森喜朗総理大臣のもと、福田康夫内閣官房長官、河野洋平外務大臣、斉藤斗志二防衛庁長官、橋本龍太郎沖縄及び北方対策担当大臣、古川貞次郎官房副長官（事務）といった方々であった。

同年2月23日、河野洋平外務大臣から沖縄担当大使の辞令を受けた際、口頭で「沖縄勤務には難しいところが多いが、頑張ってほしい」と激励を受けた。また、那覇赴任直前に橋本沖縄担当大臣に赴任挨拶に行った際、「沖縄県民には特別な感性があり、考えてもいないことを言ってもすぐにばれてしまうよ。沖縄県民の複雑な気持ちにはよく注意するように。大田昌秀前沖縄県知事の『高等弁務官』をよく読んでおくように」との助言を受けた。

筆者は、第三代目の沖縄担当大使に当たる。那覇に赴任に当たって、本省幹部から「沖縄県の指導者及び世論への働きかけと県内動向の把握、在沖縄米軍との密接な連携、地元と在沖米軍との連絡・調整や相互の交流の促進などに努力するように」との指示を受けた。同年2月23日、森総理大臣に赴任挨拶を行い、翌24日那覇に着任した。

現在、外務省ホームページに掲載の同省幹部名簿には、特命全権大使（沖縄担当）の職名と氏名、また、大臣官房総務課長の下に企画官（沖縄事務所）の職名と氏名がそれぞれ記載されている。外務省沖縄事務所の事務所長や副所長という職名は記載されていない。外務省沖縄事務所は、国家行政組織法で規定されている地方出先機関というよりも、人事上の措置として一定期間那覇に派遣された特命全権大使、企画官及び外務事務官が勤務しているところであり、那覇市久米2丁目にある。

（注6）「琉球新報」（1997年2月23日付）

外務省沖縄事務所の英語版フェイスブックでは、同事務所は「Okinawa Liaison Office of Ministry of Foreign Affairs」となっている。直訳すれば、外務省沖縄連絡事務所である。同事務所の実態は、英語表記の方に近いといえよう。いずれにせよ、筆者在勤中の沖縄事務所は、職員数も少なく、地位協定運用上の役割に関しても、小さくて地味な存在であった。

筆者の在勤時代は、沖縄担当大使のもと、外務省から派遣された企画官（副所長）一人、基地問題担当事務官一人、同補佐事務官一人、官房事項担当事務官二人のほか、現地雇いの臨時職員二人、人材派遣会社派遣職員二人（運転手とガードマン）が配置され、合計10人が勤務していた。

那覇着任の翌25日の朝、筆者は野村一成前沖縄担当大使（第二代目の沖縄担当大使）とともに、沖縄訪問の河野外務大臣を那覇空港で迎えた後、稲嶺県知事との会談、同知事及び米軍基地関係市町村長などとの昼食懇談、ウィリー・ウイリアムズ四軍調整官代行との会談、大臣記者会見などに同席した後、夕方河野大臣を那覇空港に見送りに行って、沖縄担当大使としての実務を開始した。

沖縄事務所の日頃の仕事を切り盛りしていたのは、副所長である。外務大臣、その他の大臣、国会議員団などの要人の沖縄訪問時を除くならば、普段事務所内は、突発的な事件・事故チェックのために四六時中つけられているテレビから出てくる小さな音以外は静かで、各自自分の机に向かって地元メディアをはじめ内外の報道のチェック、官房事項の処理などのルーティンの仕事に従事していた。

しかし、米軍関連の事件や事故が発生した途端に、事務所は喧騒（けんそう）の渦に巻き込まれる。副所長及び基地担当の三人は、手分けして那覇防衛施設局（沖縄防衛局の前身）、沖縄県庁、沖縄県警、四軍調整官事務所、事件・事故に直接関連する市町村などと連絡し合って、事実関係の把握に努めるとともに、本省へ報告し、今後の対応について早速担当官レベルで協議を始める。三人が能率よく仕事ができるように、事務所職員全員がサポートをする。事件・事故の深刻度に応じて事務所職員全体の仕事量は必然的に急増し、神経を使うきついものとなる（筆者の２年間の那覇勤務時代に苦労を分かち合ってくれた二人の副所長は、２０１９年末現在、在外公館長及び本省幹部として活躍中である）。

外務省沖縄事務所の活動ぶりを紹介する最新のフェイスブックは、文化やスポーツ交流、英語普及、沖縄担当大使の県内訪問市町村などなど、「ソフトパワー外交」の推進に関する多くの情報を提供している。ここから米軍関連の事件・事故対応といった「ハード」な任務の内容を知ることは難しい。一方、米軍関係者によって大きな事件や事故が発生した際、「沖縄県副知事が沖縄担当大使と沖縄防衛局長を県庁に呼び出して抗議」といった地元メディアの報道を通じて、米軍関連事件・事故対応の一端をうかがい知ることができる。

主要コンタクト先

当時の外務省沖縄事務所の米軍関連の事件・事故対応に関する常時コンタクト先は、那覇防衛施設局（のちの沖縄防衛局）、沖縄県、沖縄県警察本部、在日米軍沖縄地域調整官事務所（通称「四軍調整官事務所」）、在沖縄米国総領事館などであった。これに加え、筆者はしばしば米軍基地周辺市町村長の執務室を訪れ、県市町村議会の議長に表敬訪問して、基地問題に関する生の声を聴くことに努めた。さらに、県民感情を理解する意味で、県内の政治や経済、社会、教育、ボランティア活動、メディアなど、種々の分野で活動している公的・私的諸団体、組織あるいは個人とのコンタクトに努めていた。

当時、筆者の沖縄県庁内の主要コンタクト先は、稲嶺知事のほか、米軍基地問題担当の副知事石川秀雄（筆者の那覇在勤中に引退）、牧野浩隆、比嘉茂政各氏であった。こうした方々とは、公式・非公式の如何を問わず、大げさにいえば毎日のようにコンタクトしていた。

沖縄事務所の在沖米軍コンタクト先は、キャンプ・コートニーにある在日米軍沖縄地域事務所（通称「四軍調整官事務所」）であり、所長は大佐クラス、沖縄事務所副所長のカウンターパートに当たる。四軍間で交代してその任務に当たっていて、筆者の着任時の事務所長は、陸軍大佐であった。同事務所は、四軍調整官の仕事を支える小人数の組織であった。

筆者の着任時の在沖米軍トップは、第三海兵遠征軍司令官アール・ヘイルストン海兵隊中将であった。同司令官は、在日米軍沖縄地域調整官（在沖縄米国の陸・海・空軍と海兵隊間の調整に携わるトップのポストで、通称「四軍調整官」）を兼任しており、沖縄担当大使は四軍調整官に対して常時コンタクトを取っていた。ヘイルストン調整官とは短期間ではあったが、事件・事故対応で頻繁に会っていた。２００１年７月に太平洋に展開する海兵隊トップの太平洋海兵隊基地司令官への転出が決まり、同31日四軍調整官はウオレス・グレグソン海兵隊中将に交代した。なお、グレグソン中将は、退役後米国防省次官補を務めた優秀な軍人であり、今でも日本人の間で知己が多い。
沖縄には、海兵隊キャンプ・バトラーや空軍嘉手納基地などに、准将クラスの司令官が配置されていて、四軍調整官が沖縄不在になる際には、こうした准将クラスの司令官が四軍調整官代行の任務に就くことになっていた。

事務所の役割

筆者の在勤中、日米間現地協力の枠組みは実際に活用されていた。在沖縄米軍、米総領事館、沖縄県、米軍基地周辺自治体、那覇防衛施設局、沖縄総合事務局、外務省沖縄事務所は、この協力の枠組みを動かして意思疎通を深める姿勢を示していた。当時、これら関係機関の間には、曲がりなりにも、「同じボートに乗っている」といった雰囲気が漂っていたと記憶している。

一方、こうした日米間現地協力が米軍関連事件・事故の再発抑止にどれほどの効果を与えていたかは不明である。ちなみに三者連絡協議会は、２００３年5月以降一度も開催されていない。ワーキングチーム会合については、２０１７年4月の第25回会合を最後として開催されていないが、２０２０年内には久しぶりに第26回目の会合が開かれるようである。

既述のように、米軍関係者による事件・事故の発生件数が近年低位にとどまっていることから見ても、三者連絡協議会のように「それぞれが拘束されない自由な立場から協議する」といった現地協力の枠組みは、今や必要とされないのかもしれない。また、外務省沖縄事務所についても、存続の意義をそろそろ検討していい時期に入っているのかもしれない。

第三章　基地周辺の諸問題と再発防止

三者協議会記者会見（2001年7月27日）

会議を終え記者会見する（左から）稲嶺知事、ヘイルストン四軍調整軍、ベッツ総領事、沖縄担当大使、那覇防衛施設局長＜写真：「沖縄タイムス」提供＞

三者協議会記者会見（2003年5月2日）

三者協議会終了後、記者会見する稲嶺知事（左）とグレグソン四軍調整官（右）＜写真：「琉球新報」提供＞

那覇在勤当時の地元メディアの報道や筆者の定例記者会見に関する個人メモをもとに、実際に事件・事故が発生した際の外務省沖縄事務所の代表的な対応を次に紹介したい。

第一節　婦女暴行事件

事件発生初日、金曜日

２００１年６月29日（金）早朝、沖縄事務所の基地問題担当官から携帯電話に連絡が入った。「『本日未明、日本女性が北谷町美浜ビーチにおいて、米国人と見られる三、四人の外国人に性的犯罪行為を受けた』と地元テレビが報じている」という一報だった。

至急、県警に連絡を取って、関連情報を本省に報告するよう指示した。その後間もなく、ヘイルストン四軍調整官から携帯に電話が入り、「地元テレビ報道で事件を知ったが、何が起こったのかよく分からず、鋭意調査中である。結果が判明次第、すぐに沖縄事務所に連絡する」と伝えてきた。

早速沖縄事務所に赴き、入り口のドアを開けると、基地問題担当の三人が各方面と連絡を取っている大きな声が耳に飛び込んできた。彼らに若干の時間的余裕が出た頃を見計らって、居合わせた職員を集めて連絡会議を開いた。「嘉手納米空軍基地所属の一人の兵士が美浜ビーチのバーの駐車場で、日本女性に暴行を働いたということで、現在、沖縄警察署で複数の米軍兵士が任意の事情聴取を受けている」との情報を全員で共有した。

部内会議にそれ以上時間をかけることは止め、副所長以下の担当官たちには職務の続行を指示し、筆者は一人で、ヘイルストン四軍調整官、ノース嘉手納空軍基地司令官、稲嶺恵一知事、太田裕之県警察本部長などに会って直接、状況を確認することにした。事務所に各面談のアレンジを頼み、面会が決まったところから相手側の執務室を訪れることにして、午前中に事務所を離れた。

関係者と会って情報交換した結果、事件発生の110番通報を受けた管内の沖縄警察署が、現場に行って被疑者が乗っていた車両番号を割り出し、在沖縄米軍捜査機関に捜査を依頼したこと、米軍捜査当局は、同車両に乗っていた被疑者を特定して身柄を確保したこと、米軍側は、要請に応じて被疑者に対する県警の任意同行の取り調べに同意を与える措置を取ったことが分かった。

また、米軍側においては、その時点での被疑者のステータスは米国国内法では推定無罪（裁判によって有罪が確定しない限り、被疑者を罪人扱いすることはできない）であること、一方、沖縄における類似事件の経験から県民感情が高まることを懸念していること、県警に対してできる限りの捜査協力をする用意があること、また、適切な機会に県の関係者に遺憾の意を表明する意向のあることなどが分かった。さらに、被疑者の身柄は米軍側にあることから、日米地位協定の関連規定に沿って、県警側の個々の要請に基づいて、その都度任意の事情聴取に協力することになるとの説明があった。

その後、県庁にまわった筆者は、県側に対して、こうした米軍側の考え方を伝えた。県側は、県民が許し難い事件であると思っていること、また、長年にわたり県内で発生してきた同種事件に対する記憶が今回の事件で一挙に掘り起こされ、県民感情が急速に悪化するおそれがあるとして、大きな懸念を抱いていることを表明した。沖縄県警は、在沖米軍捜査当局の協力を得て、真相解明に全力を傾ける方針を示した。

筆者は午後遅くに事務所に戻った。相変わらず事務所内は、情報の収集や東京への報告などで騒然とした状況が続いていた。地元テレビは「事件の真相はまだよく分からない」としつつも、「県民は、日本女性の人権が蹂躙（じゅうりん）されたことに強い怒りを示している」との趣旨の報道を引き続き流していた。また、事務所に戻ってすぐに手にした地元紙夕刊は、本土でいえば号外並みの大きな活字で組まれた一面トップの見出しのもと、事案の概要を大きく報じていた。

情報収集の任務が一区切りした段階で宿舎に戻ったときには、夜になっていた。午前中に事務所を離れて車で移動していたとき、車窓から垣間見た典型的な沖縄の夏の風景と事件との落差に気が重くなったことを今でもよく記憶している。

事件発生2日目、土曜日

この日は土曜日であった。前日に引き続き、米軍側の協力を得て容疑者に対する県警の任意取り調べが行われた。

筆者は、以前から予定されていた当地訪問中の外務省先輩と県内の大学関係者との昼食懇談会を行った。沖縄の学者からは、「過去の類似事件を巡って起きた県民感情の動きを振り返りつつ、県民感情の推移は十分気をつけて見ていくことが必要である」との助言があった。また、外務省先輩からは、「過去に外務省が経験した様々な事件処理の経験を踏まえ、終始冷静さを保って任務に当たることが重要である」との助言があった。

午後、筆者は、この4月に発足した小泉内閣で外務大臣に任命された田中真紀子大臣に電話をして、最新の状況を報告した。翌日にワシントンで日米首脳会談が開かれることになっていることもあり、大臣は事案の細かなところにまで深い関心を示した。

夕方近くになって、事務所から「本日の事情聴取は終わり、明日再び任意の事情聴取が行われる予定である」との電話が入った。早速田中大臣に、今日はこれ以上の事態の進展はない旨の電話を入れた。

事件発生3日目、日曜日

この日曜日から、暦は7月に変わった。日曜版の地元新聞は、益々厳しい報道ぶりを示した。事務所の担当官から、「県警は今日も任意の事情聴取を行う予定であり、早急な真相解明のためにも、引き続き在沖米軍側の協力が必要である」と言ってきた。即刻、筆者は田中大臣に電話をして状況を説明した。

田中大臣から、ワシントンで行われた日米首脳会談において、「ジョージ・ブッシュ大統領から小泉総理大臣に遺憾の意が表明された」との説明があるとともに、「ヘイルストン四軍調整官に対して、引き続き捜査協力を要請するように」との指示があった。筆者はヘイルストン四軍調整官に電話をして、田中大臣の意向を伝えた。先方は「全面的に捜査協力を継続する」と答えた。

昼、関係者数人と食事を交えつつ、密かに情報交換と意見交換を行った。会合中に何回か、事務所から任意取り調べ続行に関する中間報告が入った。夕刻、田中大臣に電話し、今日の任意取り調べが終了した旨と、今夜中の事態の進展はない旨を報告した。

事件発生4日目、月曜日

7月2日（月）は、午前から沖縄事務所に対して、県内の多くの政党やNGO、その他の諸団体から要請（抗議）の申し込みが続いた。こうした要請に当たることは、沖縄担当大使としての重要な任務であった。

一方、「同日中にも被疑者逮捕に進む可能性がある」との情報があり、事件の真相解明は司直の手に委ねるものの、外務省沖縄事務所としてただ状況の推移を見守るという受動的な対応を続けるわけにはいかなかった。地元紙が「事件事故再発防止のためのワーキングチームの枠組みが、今回の事件で機能していないことを露呈した」といった報道をすでにしていたこともあり、新たな対応が必要と考えられた。本省と協議しつつ、現地レベルでの具体的な再発防止対応を検討し始めた。

同日21時37分、「被疑者W嘉手納米空軍所属二等軍曹に対する逮捕状が発布された」との報告が県警から正式に入り、筆者は直ちに田中大臣にこれを伝え、また、それまでに検討を終えていた事務所として今後の取るべき措置についても概略を説明した。大臣からは、「この事件が国会でも大きく取り上げられているので、県内の状況を引き続き迅速に本省に報告するように」との指示を受けるとともに、県民感情の動きについて意見を求められた。筆者は、予断は許さないことを明確に伝え、「関係方面の協力を得ながら、現地レベルでも適切な再発防止策を取るよう努める」と答えた。

同夜22時30分、アール・ヘイルストン四軍調整官に外務省沖縄事務所への来訪を求め、この事件を遺憾とし、軍律を一層厳しくし、実効的な再発防止策を取るように直接申し入れた。これに対してヘイルストン四軍調整官は、「在沖米軍にとってこの事件発生は極めて遺憾である。状況を深刻に受け止めている」とし、「改めて在沖米軍基地の全司令官に対して規律の徹底を指示し、再発防止のために最善を尽くす」と答えた。

現地レベルで再発防止努力を進めるために、県や国、米軍の関係者間で事件・事故防止に関する臨時の実務者会合の早期開催を筆者から提案したところ、先方はその場で同意し、「在沖米軍として全面的に支持する」と確約した。また、被疑者の身柄引き渡しについては、１９９５年の日米合同委員会合意に基づいて、「東京で、日本側から米国側に起訴前の拘禁移転の要請を行うとの情報を得ている」

との説明があった。

同夜23時30分、私は事務所で記者会見を開き、四軍調整官への申し入れの概要を説明した。記者団からは、主に「再発防止のための関係者間の臨時会合」の開催の趣旨、参加者の範囲などについて質問があった。

事件発生5日目以降

週明けとともに被疑者の引き渡しを強く求める県内の強い要求が高まっていく中で、7月3日（火）午前、山口泰明外務大臣政務官が沖縄を訪問した。同政務官は、求めにより外務省沖縄事務所に来たヘイルストン四軍調整官、ノース嘉手納空軍司令官及びベッツ在沖縄米総領事と面談し、遺憾の意を述べ再発防止を求めた。その後、政務官は、知事代行の嘉数出納長や太田県警本部長などと会談し、同日夕刻に那覇飛行場から空路帰京した。

この週には、衆議院の沖縄北方特別委員会と外務委員会合同調査団も沖縄を訪問した。沖縄事務所は、県、北谷町その他関係市町村、各政党、NGO団体などから次々と抗議を受けた。

そして7月6日（金）、事件発生から約1週間後、やっと被疑者の身柄が在沖米軍から県警に移され、この事件は一つの区切りを迎えたのである。

第二節　射撃訓練中の流弾事案

１９９６年12月に公表されたＳＡＣＯ最終報告に、在沖米軍の訓練及び運用方法の調整に関する事項が入り、１９９７年７月には、県道１０４号線越えの実弾砲兵射撃訓練が本土に移され（北海道・矢臼別、宮城県・王城寺原、山梨県・北富士、静岡県・東富士、大分県・日出生台の５か所）、また、１９９９年10月には、読谷村補助空港で行われていたパラシュート降下訓練を伊江村補助空港に移転する日米合同委員会合意が得られ、さらに、沖縄県内の公道における行軍の取り止めなど、米軍訓練から生じる県民負担軽減措置が取られていった。

筆者の那覇在勤中、在沖米軍の訓練は続いていたが、大規模な演習は一度も実施されず、復帰前からの推移を辿るならば、在沖米軍の県内演習・訓練は減少し、住民の日常生活に与える影響もそれなりに小さくなってきていた。

そのような状況の中、２００２年７月23日の午後１時過ぎ、名護市数久田のパイナップル畑で農作業をしていた男性の間近で、「銃声音の後に土煙が上がり、そこに銃弾一発が着弾しているのが発見された」という報告が、那覇防衛施設局から外務省沖縄事務所に入った。その時刻には、キャンプ・シュワブ演習場内レンジ10射撃訓練場で、米海兵隊の実弾射撃訓練が行われていた。

那覇防衛施設局の動きは素早く、直ちに在沖米海兵隊に原因究明と訓練中止を求めた。同日午後、「山崎那覇防衛施設局長が岸本健男名護市長に会って、現状を報告するとともに謝罪し、続いて地元数久田にも出向いて謝罪をした」との報道が流れた。幸い農作業をしていた男性にけがはなかったが、一つ間違えれば人身事故につながり得る重大な事故であるとして、名護市と県の関係者は大きな懸念を表明した。海兵隊報道部は同日午後、「地域に不安を与えたことは極めて遺憾である」とするコメントを発表した。

外務省沖縄事務所は、海兵隊関係者から、「この射撃訓練が、レンジ10内の所定の発射地点から久志岳の太平洋側の位置に設置されている、コンクリートのトンネル状の着弾地点に向かって行われていた」こと、「農作業が行われていたパイナップル畑は久志岳を越えた東シナ海側にあり、また発射地点と着弾地点を結ぶ線を基地外に延ばした位置にない」こと、さらに「この畑に銃弾を無傷で着弾させるためには（〝跳弾〟の場合には銃弾が変形してしまう）、銃口を所定の着弾地ではなく、空に向かって急角度で発射する以外に可能性は低い」といった説明を受けていた。

同日午後、海兵隊側は、訓練に使用されていたのと同種の弾丸のサンプルを持参させ、海兵隊の銃弾専門家を名護市に派遣し、名護警察署に参考のためにこれを手渡した。また、キャンプ・シュワブ内の演習場でのすべての実弾射撃訓練は暫定的に取りやめられることになった。

翌24日の午前、キャンプ・シュワブ配属のある海兵隊幹部が「『名護警察署が保管している農地から見つかった銃弾は古いものであって、昨日使用されたものかどうかについては疑問がある』と述べた」と地元メディアが報じた。続けて、「これは、『キャンプ・シュワブ射撃訓練場での銃の射撃音が途切れた直後に、農作業をしていた近くの場所で土煙が上がり、そこに銃弾一発が着弾しているのを発見した』と述べた農作業中の男性の対外的説明と矛盾するものである」と報道された。

同日午後、筆者は米軍幹部に会って、「かなり以前に、シュワブ演習場内から発射された銃弾が基地外に外れて着弾した事案が発生したことを周辺住民はよく覚えていて、今回の事態に対しても、大変心配している。今回の射撃訓練中に使用された銃弾が、射撃訓練用レンジ外に跳び出して農地に着弾したとすれば、大変遺憾なことである」と伝えた。

先方は、「発見された銃弾が、昨日の訓練で使われた50口径重機関銃から実際に発射されたものかどうかを県警に鑑定して貰う必要がある」とし、「今後の県警による銃弾鑑定に、全面的に協力する」と述べた。さらに先方は、地元住民の不安を取り除くため、明25日午後、レンジ10射撃訓練場に、県や名護市、政府出先機関などの代表者を招き、実際の訓練の様子を視察して貰う予定であり、メディアの取材も許可するつもりであることを明らかにした。この現地視察には筆者も同行した。

一方、県警本部は、総力を挙げて、問題の銃弾が23日にＭ２機関銃から発射されたものであるかどうかの鑑定に乗り出していた。米軍側から入手した同種の銃弾サンプルによって、名護警察署に保管されている銃弾が50口径重機関銃用の銃弾であることは、短時間で判明した。その保管されている銃弾は変形しておらず、線状痕もはっきりしていた。

問題は、この線状痕と23日の射撃訓練で実際に使用された銃弾の線状痕とをどのように比較していくかにあった。米軍側は着弾地に残存していた銃弾を回収したが、それらはすべて変形しており、比較するには適していないことが判明した。結局、訓練で使用されたM2重機関銃の一つを使って新たに試射し、線状痕のはっきりした銃弾を回収して保管中の銃弾と比較することになった。その過程で、M2重機関銃の性能は高く、いかにして変形しない銃弾の回収をしていくかについて幾つかの試案が出てきたが、どれも満足できるものではないことが判明した。

紆余曲折（うよきょくせつ）の後、結局、レンジ10の射撃訓練場を使って試射と回収が試みられることになり、7月30日の午前10時30分頃から午後3時頃まで、土嚢（どのう）などを設置して試射が実施された。しかし銃弾は変形し、鑑定不能の銃弾しか回収されなかった。翌31日、県警はこの事実を発表すると同時に、他の回収方法を協議することを明らかにした。

そうこうしている間に、7月31日、第二章で触れた第23回三者連絡協議会が開催された（稲嶺知事、グレグソン四軍調整官、ベッツ米国総領事、山崎那覇防衛施設局長、及び筆者が出席）。会合の冒頭数久田の流弾事案について、各参加者から発言があり、中でも稲嶺知事は、「この事故は一歩間違えば人命に関わる重大な事故につながりかねず、県民に大きな不安を与えている」とし、「事故原因の徹底究明、今後一層の安全管理の徹底及び実弾射撃演習の中止を強く求める」と述べた。グレグソン四軍調整官は、「地元住民に不安を与えた同事案を遺憾」とし、「県警本部による調査に全面的に協力する」と述べ、その間、レンジ10における50口径による実弾射撃訓練を臨時に中断する旨を明らかにした。

その後も県警と米軍専門家の間で、鑑定可能な銃弾回収方法についての技術的な検討が行われた結果、やっと8月14日の試射で、14発の銃弾を回収することに成功した。県警科学捜査研究所がこれらを鑑定した。

県警本部は、同22日、「14発の銃弾と7月23日に現場から発見された銃弾を比べて検証した結果、一致したライフル・マークは確認されなかった」とする一方、「ライフル・マークといった銃弾の特徴、火薬の成分などから、銃弾は米軍のものと推定される」と発表した。

しかし、23日付の地元紙は、「試射に別の機関銃提出、県警指摘で交換、米軍の捜査協力に疑問」との見出しで、「一回目の試射にはなかった機関銃が、二回目の際に一丁混在していることが分かった」と報じた。のちに、この混在は、米軍側担当者の不注意の結果で起こったことが判明した。このことは、県警と在沖米軍との協力で実施してきた鑑定作業に対する周辺住民の信頼感を低めることにつながりかねず、遺憾であった。

同日行われた定例記者会見で、稲嶺知事は質問に答えて、「今回の県警の鑑定結果は、『現場で発見された弾丸が米軍のものと推定される』と結論づけている。これまでにも、同演習場から流弾事故が発生していることなどを考え合わせると、県としては、『レンジ10におけるM2重機関銃の射撃訓練は危険である』と判断しており、日米両国政府に対して、同レンジにおける訓練の廃止を求めていきたい」と述べた。

同日、外務省沖縄事務所は、県警の鑑定結果の発表を受けて、次のようなコメントを発表した。

①稲嶺知事や岸本名護市長、その他関係地方公共団体の首長や議会がレンジ10の安全性に不安を抱き、同レンジでの50口径重機関銃実弾射撃訓練の廃止を求めている。在沖米海兵隊は、これを重く受け止め、徹底した安全対策を講じ、県や名護市に十分に説明していくことが必要と考える。

②1987年のタクシー被弾事件以降今回の事案発生までの間に、レンジ10において50口径重機関銃実弾射撃訓練による流弾などの事故が発生したという事実は、日米どちらの側でも確認されなかった。在沖縄米海兵隊の説明によれば、1987年11月にタクシー被弾事案に関連して、レンジ10での50口径重機関銃実弾射撃訓練を中止し、その後の1992年6月には、現在の訓練方式を採用の上、実弾射撃を再開したが、地元への説明の有無などのこれらの経緯についての公式発表記録は残っていないとのことである。なお、外務省沖縄事務所及び外務本省にも、本件に関わる記録はなかった。このような重要な事項に対する在沖米軍側の対外発表には、十分でないところがあり、外務省沖縄事務所は今後は十分に情報を提供するように米軍側に求めた。

その後10月10日、県議会米軍基地関係特別委員会が開かれ、県警の稲嶺勇刑事部長は鑑定結果の内容を改めて説明するとともに、米軍側の追加的情報として、「今回の事案発生当初（前述の7月24日）、米『軍関係者が発見した弾丸は古いものである』と言った経緯があるが、それは科学的根拠に基づく意見ではなかった」と、新たな事実を明らかにした。さらに、7月23日、「当日に使用した銃身を特定する資料がない」との米軍側の回答もあり、これ以上、試射により弾丸を入手して鑑定を行うことは厳しい状況にあるとの考えを示した。

筆者はその後も、米軍幹部に対して、安全措置の検討状況やレンジ10訓練再開の予定などについて照会し、その事実を定例記者会見で適宜発言してきた。

結局、２００３年2月19日になって、米海兵隊は外務省沖縄事務所及び那覇防衛施設局に対して、「今後レンジ外へ着弾するような事態を発生させないために、徹底した安全対策をすでに取った」こと、また「同21日からレンジ10を使った射撃訓練を再開する」ことを通報してきた。筆者がこの通報の事実を知ったのは、沖縄を離任した数年後のことであった。

当時の県警と海兵隊は、原因究明についてするべきことはすべてし、これ以上新たなことを発掘するのは極めて困難さを感じるまで協力を行った。それ以降は、米軍側が安全な射撃訓練の実施について、地元住民の理解を得るように努力していくよりほかなかった。

長々とこの事案の流れを記述したのは、２０１８年6月21日に同じ「レンジ10」で再び流弾事故が発生したこともあり、筆者在勤中に経験した流弾事故の原因究明に対する在沖縄米軍と県警の協力の概要について、ここで紹介しておきたいと考えたからである。

数久田事案についての日米間現地協力は、最終的には、「訓練用地の外の畑で回収された銃弾は、訓練の当日に海兵隊の使用していた機関銃から発射されたものと同一である」とした結果も、「当日、レンジ10から民間地に流弾がなかった」ことを証明する結果も得ることができなかった。恐らく、関係者の間にはもどかしい気持ちが残ったであろう。しかし、少なくとも、現地沖縄の米軍・県警間で原因追及に向かって真摯な協力が行われた一つの例であったことを筆者としては記しておきたい。

第三節　飛行訓練

名護市街地上空訓練

筆者が那覇に着任して間もなくの２００１年4月5日、名護市議会議員団から名護市上空における米軍機の即時中止を求める要請を受けた。

それは、①2月上旬から繰り返し、何の事前連絡もないまま、岩国海兵隊基地から戦闘機が飛来し、名護市上空において昼夜にわたって1機または4機編隊で第31海兵遠征部隊所属のF-18ホーネット戦闘機などによる訓練が行われて、轟音（ごうおん）や爆発音、金属音を轟（とどろ）かせるため、市民の睡眠が妨害され、乳幼児から年配者まで精神的苦痛を強いられており、市民生活に著しい支障を与えている、②名護市街地上空の空域は、いわゆる「5・15メモ」（注1）の対象の在日米軍への提供空域ではなく、訓練は即刻中止されなければならない、とするものであった。

この要請を受けて、筆者は「外務本省に報告する」と答えた。それで沖縄事務所の対応は終わりになるはずだった。

ところが、名護市議員団側から「那覇防衛施設局は、5・15メモに規定される訓練空域に関わらず、『どこでも訓練できる』とする見解を示しているが、とても納得することができない。この防衛施設局の見解に対する外務省の見解を聞きたい」と質問された。筆者は、本省の見解をよく承知していなかったので、「照会の上、回答する」と述べたところ、先方から「なぜそのようなことを知らないのか」と詰問され、その後、事態は思わぬ方向に行ってしまった。

議員団とのやり取りが続く中で、筆者は「分からないことは『分からない』と言わざるを得ない」と答えた。これに対し、議員団から「日本の独立性が問われている」とのコメントを受け、「日本はすでに独立している。そんな話を受けるわけにはいかない」とつい声を荒げてしまい、大きな反発を受けることになってしまった。翌日の地元紙には、この模様が大きく報道され、多くの関係者に迷惑をかけてしまった。

（注1）1972年5月15日、日米合同委員会は在日米軍の使用する各施設・区域の使用許与の内容について合意した。これが通称「5・15メモ」と呼ばれるものであって、キャンプ・シュワブ及びキャンプ・ハンセンについても使用許与の内容が合意された。その中で、使用主目的、区域の範囲等が合意されており、区域については陸上区域、水域、空域等に分けて具体的に範囲が特定されていた。

筆者の非礼は釈明の余地がなかったが、同時に、米軍機が名護市の市街上空で頻繁に実施していた訓練に対しての住民の苦情にどのように対応すべきか、という実質的な問題に対処する必要があった。

4月10日、筆者はヘイルストン四軍調整官に会っていろいろと意見交換した結果、先方は「住民への影響はよく分かるので、人口の密集している名護市西海岸辺りでの訓練が行われないようにしたい」と答えた。そこで、筆者は「近く名護市議会を訪れる予定なので、貴調整官の反応を説明したい」と述べ、先方の了承を得た。

実は翌11日に名護市議会を訪れることになっていたことから、事務所の基地担当官は早速、ヘイルストン調整官のこういった反応を本省に報告した。これに対して、本省は「訓練ルートの変更の件は、大臣から国会答弁として発言して貰うので、(筆者の)名護市議会訪問の際はこのことに言及しないように」と指示してきた。その結果、11日に筆者が名護市議会を訪れた際には、過日同市議員団に不快感を与えたことに陳謝したが、ヘイルストン調整官の住民への配慮の発言には触れなかった。

筆者の名護市議会訪問について、地元紙は「『不快感与えた』と陳謝」「『訓練中止』触れず」と大きな記事で報じただけであり、名護市議会を通じて、在沖米軍の住民配慮を市民に伝える機会は失ってしまった。後日、ヘイルストン四軍調整官から「なぜ、自分の答えを名護市議会に伝えなかったのか」と聞かれ、要領を得ない返事をせざるを得なかった。

同年8月6日、ヘイルストン海兵隊中将の転出に伴って、着任したばかりのグレグソン四軍調整官に会いに行き、在沖米軍基地問題について広く意見交換をした。その際、名護市上空及び周辺空域における米軍飛行訓練問題に関し、「住民の安全確保及び日常生活に支障を来さないよう、十分な配慮をしてほしい」と改めて申し入れたのに対し、グレグソン調整官は「よく分かるので、名護市の住民に対しては最大限の配慮を行っていく。実際の訓練は、公表した時間内に終了させる予定であり、名護市の上空を通過するとしても、人口密集地の上で低空飛行訓練を行う予定はない」と答えた。

8月は、筆者の定例記者会見が予定されていなかったこともあり、米軍側の回答をまとめ、地元紙に投稿した。これが8月8日に掲載され、同年4月以来懸案となっていた、名護市街地上空の飛行訓練に対する在沖米軍の対応ぶりを県民に伝える機会となったが、インパクトはほとんどなかった。

訓練途次の民間空港の使用

2019年9月、米国軍艦による本部港（民間港湾）使用について地元報道があった。近年、在沖縄米軍ヘリが本土の民間空港に緊急着陸した事例はかなりある。筆者の在勤中には、フィリピンで行われる演習に、参加する在沖米軍ヘリが給油能力の問題から、石垣島空港を使用してフィリピンとの間を行き来するといった事例が二度あった。

近年はフィリピンにおける演習自体がなくなったようであるが、前述の米軍機の民間空港・港湾の使用問題との関連からも、当時の在沖米軍側による「せっかくの配慮」が活かされなかった実例をここで紹介したい。

日米地位協定第5条（注2）に基づき、米軍所属の航空機は我が国の飛行場に出入りする権利を認められている。一方、実際の使用に当たって本土では、民間空港を管理する地方公共団体の関係当局との間で、所要の手続きや着陸のタイミング、使用する駐機場などについて調整がしばしば行われていた。県との場合には、調整はいつも難航していた。

2000年2月15日、在沖縄米軍から普天間飛行場所属のヘリコプター4機と給油機1機が、給油目的で「石垣空港を使用したい」との要請が沖縄県に提出されたが、県との調整が難航し、結局、地位協定の規定に基づいて、これら4機は石垣空港を使用し、市民の抗議運動が展開されるという経緯があった。

筆者が沖縄に着任して間もなく、米海兵隊がフィリピンで行われる「バリカタン演習2001」に参加する話が持ち上がったとき、米軍側は前年の抗議運動の経緯を話題にし、「今年は同じような抗議運動を受ける事態はできるだけ避けたい」との意向が示された。演習に参加する米海兵隊員や兵器のほとんどは、海路または空路で海外（フィリピン）に輸送されることになるが、足の短いCH46-E型ヘリコプターは、燃料補給のため、途中の八重山諸島の下地島（しもじ）空港と波照間（はてるま）空港に立ち寄らざるを得ないとのことであった。

在沖縄海兵隊は、「今回はできるだけ前広に『県の関係当局』の理解を得て、両空港への立ち寄りを行いたい」として、2001年4月25日、航空法に基づいた国土交通省への飛行計画を提出し、沖縄県条例に基づいて、正式に下地島空港及び波照間空港の使用申請を行った。

県側は、基本的に「緊急以外には民間空港の使用に自粛を求める」との立場であり、米軍との間の意見調整に時間がかかった。同27日、米軍側から改めて沖縄県に対して空港使用を要請する手はずが県との間で整い、それによって所要の手続きが踏まれた上で、翌4月28日にヘリコプター12機と空中給油機1機が両空港で給油を行い、また、5月16日に普天間飛行場に戻る途中、両空港に立ち寄ることとなった。

一方、立ち寄り先の下地島・波照間両空港では、近隣の市町村関係者からの理解が得られず、結局、前年同様、空港使用反対運動が起こる中での立ち寄りとなった。また、実際の立ち寄りに際しては、往路帰路の双方において、ヘリコプターの故障などにより、当初の飛行計画が現場で一部変更されたり、予定よりも長時間空港を使用することになったりと、空港関係者は翻弄され、さらに大きな住民の反発を買う結果となってしまった。

地元メディアは、「米軍13機が着陸、県の自粛要請を無視」「軍事利用は許さない」「恒常化懸念する住民」「予定外、混乱の空港」「米軍、県民要望を無視、意図的？　存在誇示か」「予定越え、〝占拠〟」といった見出しで、連日大々的な報道を行った。

（注2）日米地位協定第5条1の前段は、「合衆国及び合衆国以外の国の船舶及び航空機で、合衆国によって、合衆国のために又は合衆国の管理の下に公の目的で運航されるものは、入港料又は着陸料を課されないで日本国の港又は飛行場に出入りする事ができる」と規定している。

筆者は、同年5月8日の定例記者会見で、「今回、米軍が故障を理由に当初の予定を超えて両空港を使用したことは遺憾であるが、日米地位協定に基づいて空港使用が認められている中で、米軍側は地位協定で求められている以上の手続き、即ち、県条例に従った手続きをも行ったわけであり、報道において、米軍が『県側の要請を無視した』『強行着陸した』と表現されているのは、実体に反し、バランスを欠いたものではないか」と述べた。

稲嶺知事は、県庁内で記者団から受けた質問に対し、当初の予定と異なった形で空港が使用されたことに対しては遺憾の意を表明したが、米軍による民間空港使用問題一般については、地位協定上の規定と県民感情との関係を淡々と語った。

翌2002年4月、在沖米海兵隊より、「バリカタン演習2002」に参加予定の在沖縄米海兵隊所属のCH47-E型ヘリコプター4機が、「給油のため、再び下地島空港を使用したい」との要請が上がってきたとき、沖縄事務所としては事前に那覇防衛施設局と協議しつつ、米軍と県との間の意思疎通が円滑に進むように積極的に乗り出すことにした。しかし、調整はうまくいかず、「航空法と沖縄県条例に従った石垣島空港の使用」という在沖米軍の希望は県側に受け入れられず、またもや時間切れで、「地位協定の規定による石垣島空港の使用」という結果になってしまった。

4月21日、筆者は記者団に対し、在沖海兵隊ヘリなどの石垣島空港使用問題について、次のように説明した。

①昨年の例でも分かるように、県民や地元住民が「米軍による民間空港の使用に懸念を持っている」として、県は「緊急でやむを得ない場合以外は、民間空港の使用を自粛してほしい」との立場を表明した。

②在沖海兵隊は、沖縄県民の日常生活にできる限り影響を与えないように、様々な方法で兵員や兵器の輸送を計画していたが、県の要請を受けて、改めて輸送船によるヘリコプターの運搬を検討した。なお、その過程で受けた米軍側からの説明によれば、ヘリコプターに空中給油することは不可能とのことであった。最終的に在沖米海兵隊は、「ＣＨ46-Ｅ型ヘリコプター４機とＫＣ-１３０型給油機１機については、往路のみ、下地島空港を使用せざるを得ない」との結論を我々に回答してきた。

③米軍は、県などの関係者との一連の協議を踏まえ、４月16日に空港使用届けを県に提出した。

県には、「県民感情が最も重要であって、航空法に従った申請書を事前に渡されたとしても、その取り扱いに困る」という気持ちが強くあり、一方、米軍側には、「地位協定の規定に沿っての民間空港使用という従来の手続きではなく、県の正規の手続きに沿った民間空港の使用にしてほしい」という気持ちが強くあった。

記者側から様々な角度の質問を受けた筆者は、こうした県と米軍の立場を十分念頭に置いて、「在沖米軍は、日米地位協定の規定はあるが、航空法や県条例に従った手続きを踏むことを希望している」こと、また、「一方が民間空港の使用を強硬に実施しようとし、他方がこれに強硬に反対しようとしているといった図式のものではない」ことを説明しようと努力したが、うまくいかなかった。

筆者は、沖縄の米軍が地位協定というよりも日本の国内法に従って申請をし、それを県が受理するという手続きが実現すれば、将来の沖縄における日米間協力の進展に貢献する、と基本的には思っていた。同時に、米軍側の「配慮」を強調すれば、県側が傷つくことを懸念した。双方に配慮するあまり、要領を得ないやり取りに終始してしまったのである。

翌日の地元紙は「海兵隊5機、下地島に今朝着陸、米比合同演習参加、県の自粛要請応じず」「米軍5機、下地島に着陸」「飛来自粛押し切る、普天間所属ヘリ、給油機、給油後比へ出発」「また米軍機か」「米軍、下地島に強行着陸」「島の基地化許さん」といった見出しで報道した。昨年と比較すれば、それなりに抑制された報道ぶりではあった。

筆者は、在沖米軍側と沖縄県側との距離をもう少し縮めることができなかったものかと、今でも説明不足を自戒している。

第四節　航空機事故

筆者の在勤中、航空機による事故が相次いだ。その一つ一つの対応については振り返ることはしないが、前述の事件・事故の対応と同様、外務省沖縄事務所は常に防衛施設局や沖縄県、在沖縄米軍との間を走り回って情報の収集・調整に努めていた。

普天間飛行場での海兵隊のヘリコプターの飛行経路に関し、海兵隊側は住民の騒音問題を考慮し、着陸時間を短縮させるため、ヘリコプターはまず直線で普天間飛行場に向かい、着陸直前に急旋回をして着陸する、という飛行パターンを取っていた。しかし、2001年6月13日に発生したヘリコプターからのバッグ落下事件を契機として、普天間飛行場着陸に際してはヘリコプターを急旋回させないこととし、その結果、市街地上空での滞空時間が以前より長くなってしまうことがあった。

2002年に入って、航空機騒音の一般的な問題が県内で広く取り上げられるようになり、米軍側は、嘉手納及び普天間飛行場での飛行訓練は住宅密集地上空を避けることにし、どうしても運用上、民間地域上空を飛行しなければならない場合は高度を上げて騒音が少なくなるように配慮するといった、きめ細かな方針を対外的に明らかにするようになった。しかし、筆者の記憶では、当時の地元プレスは、このような米軍側の対応について報道しなかった。

また、2002年に4件の航空機事故が続いて発生した際、4月30日にグレグソン四軍調整官は記者会見で、県民に不安を与えたことに深く遺憾の意を表するとともに、4つの事案のそれぞれについて、その原因や再発防止策などなどを説明した。その中には、次の新たな点が含まれていた。

①訓練用照明弾については、F-15戦闘機から分離した訓練用照明弾は小型のものであり、基地上空で完全に燃焼した。

②CH-53型ヘリコプターからの燃料タンクの落下については、電子システムの不適切な接続により発生した。このような接続不適切の場合には、ヘリコプターが地上を離れる際にタンクを開放するシステムとなっている。飛行中にタンクが離れるようにはなっていない。

③風防ガラス落下については、沖縄本島南東80マイルの海上で発生し、現在空軍安全担当者が原因を調査中である。

④燃料漏れについては、輸送機の燃料開放バルブに電子的機能不良が起こり、離陸直後に配線がショートしてバルブを開放したので、パイロットは民間への危険を最小限にしつつ、輸送機を安全に嘉手納飛行場に戻すために適切な回避行動を取った。その後、配線の修理取り替えバルブや配線の機能を十分にチェックし、輸送機は離陸し、所属の航空母艦キティー・ホークに戻った。

これに対し、5月1日付の地元紙は、「四軍調整官が会見、〝県民に不安与え遺憾〟、〝飛行停止の必要なし〟」「事故原因〝調査中〟、謝罪なく釈明だけ」「〝安全重視〟を繰り返すのみ」といった見出しで報じ、「在沖米軍の最高責任者が事故の経緯について、記者会見を行うのは異例だが、事故原因や再発防止策で新たな内容の発表はなかった」といった趣旨の解説を加えた。グレグソン四軍調整官の説明の中には、前述のような新たな内容が含まれていたが、地元メディアはそれについて報道しなかったことをここに書き留めておきたい。

第五節　環境問題

在沖縄米軍基地に関わる環境保全の問題は、特に周辺の地域住民にとって死活的に重要である。日米地位協定には環境保全条項がないため、両国政府は日米合同委員会を通じて住民の懸念に対応してきた。一方、日本国内でも環境問題への社会的関心が高まったことや、ドイツでの改正ボン補足協定（注3）の締結によって、環境についての国内法の基準が、ドイツ駐留の外国軍隊に対しても適用され

（注3）1959年8月、ボンでドイツに駐留する外国軍隊NATO当事国の軍隊の地位に関する協定を補足する協定が署名され、それが「ボン補足協定」と呼ばれた。「改正ボン補足協定」とは、このボン補足協定を改正した協定のことであり、1993年3月ボンにおいて署名された。

るようになったとされていることなどを背景に、在日米軍に対しても環境保全に万全を期すように求める声が国内で高まった。そうした状況のもと、在日米軍基地の環境保全問題について、日米間の話し合いが開始された。

この結果、2000年9月、ニューヨークで開催された日米安全保障協議委員会会合（SSC）では、日米両国政府は「環境原則に関する共同発表」を発出し、在日米軍の環境基準（JEGS）は、一般的に日本の関連法令上の基準を満たすものか、またはそれを上回るものとなること、日米両国政府はJEGSを見直して2年ごとに更新するための協力を強化すること、さらに米国政府は関連法令に適合して日本における環境を保護するように常に努力を継続すること、などを確認した。

こうした過去の努力の積み重ねによって、2016年3月3日、日米両政府は日米地位協定を補足する初めての行政取り決めとして、環境補足協定に署名した。しかし、沖縄県民の同補足協定に対する受け止め方は厳しく、政府が沖縄県民の要望に従って環境保全措置を在沖米軍に取らせるにはとても不十分であるとしている。

最近、環境問題に対する県民の関心は益々高まっており、長く裁判で争われている嘉手納飛行場騒音問題などの伝統的な環境問題に加えて、普天間・辺野古問題を巡っても、ジュゴンや稀少サンゴの保護などの問題が大きく取り上げられている。

筆者が在勤時代に起きた環境問題としては、キャンプ瑞慶覧（キャンプ・フォスター）の油漏れ、ヒジキの鉛汚染、松くい虫対策、ＰＣＢ搬出問題などがあったが、一番大きな問題は嘉手納基地の騒音問題であった。

１９９６年３月28日に発表された「嘉手納飛行場及び普天間飛行場における航空機騒音規制措置に関する合同委員会合意」では、進入・出発経路、基地周辺地域上空の飛行高度、アフター・バーナーの使用制限、基地における飛行・地上の活動時間の制限、日曜日の飛行訓練の制限、ジェット・エンジンのテスト時間の制限、曲技飛行の実施空域の制限などについて合意されている。

これらの規制については、必要に応じて、個々の事項ごとに〝原則〟と〝例外〟が合意されているが、〝例外〟については、「任務により必要とされる場合を除き」「できる限り」といった書き方がされている。例えば、基地の活動時間については、「２２００―０６００の間の飛行及び地上での活動は、米国の運用上の所要のために必要と考えられるものに制限される。夜間訓練飛行は、在日米軍に与えられた任務を達成し、または飛行要員の練度を維持するために必要な最小限に制限される。部隊司令官は、できるだけ早く夜間の飛行を終了させるように最大限の努力を払う」とされている。

しかし、現実には米軍運用上〝例外〟のケースがかなりの数に上ることもあって、政府側はその都度丁寧な説明をしていたものの、嘉手納町民の満足を得ることは難しい状況にあった。

２００２年5月29日、キャンプ瑞慶覧において、県から34名、米軍から55名のほか、日本政府関係者の出席を得て、「沖縄県・米軍環境担当者意見交換会」が開催され、日本環境基準（ＪＥＧＳ）、ちゅら島環境美化条例、キャンプ瑞慶覧の油漏れ浄化作業、油漏れへの対応能力及び地下埋蔵タンク地上化プログラム、騒音問題、赤土流出防止プログラム、一般・危険廃棄物関連プログラム、リサイクリング・プログラム（県側及び米軍側のプログラム）、ダイオキシン関連法、地球温暖化―フロンといった、12項目にわたる基地関連環境保全問題について意見交換が行われた。出席者の率直な意見交換の場として有意義なものであったと評価が得られ、当時は県・米軍ともにこうした意見交換が毎年行われることに期待を表明した。

環境問題とは直接の関わりはないが、災害時における県と在沖米軍との相互連携体制整備の努力についても短く説明しておきたい。

第19回三者連絡協議会において、「災害時における県と在沖米軍との間の相互応援体制の確立」が初めて議題として取り上げられ、県民の生命、財産を災害から保護する立場から、また在沖米軍の家族については、県民と同様に地域を構成する一員としての人道的な見地から、県内において大規模な災害が発生した場合の応急対策や復旧を円滑に実施するため、相互連携体制を確立していくことを確認する経緯があった。

その後、県が「相互連携マニュアル」案を示し、米軍との間で事務レベルの協議が続けられてきた。2001年後半に県知事と四軍調整官との間で相互連携を実施する旨の書簡が交換され、2002年1月から災害時の連携体制が発足した。なお、同1月に北谷町で廃車火災が発生した際は、同町がすでに結んでいた消防相互援助協約に基づいた応援要請を受けて、在沖米軍はキャンプ瑞慶覧及び嘉手納基地から多数の消防車両を出動させ、消火活動に協力した。県は、これが新しく確立した相互連携体制の意図するところと同じよい例であるとして、米軍側からの協力に感謝の意を表明した。

在勤中に筆者は、宮城篤実(みやぎとくじつ)嘉手納町長と何回か面談する機会があった。騒音問題については、那覇防衛施設局が一元的に対応しており、外務省沖縄事務所として動くことはほとんどなかったが、普天間飛行場周辺問題との関連もあって、私的に同市長からいろいろと苦労話を聞いていた。中でもよく覚えているのは、着任挨拶のために嘉手納町役場に宮城町長を訪れたときのことである。

宮城町長は、「基地周辺住民の機微な気持ちを理解せずに、政府の論理だけで基地問題に向かおうとするのは、間違いの元である」と筆者に述べた。一例として、決定権限を持たない役人や国会議員が、住民たちに「騒音にも苦労されているでしょう。大変ですね」といった、一見して同情的な姿勢を示すことの問題点を指摘した。

曰(いわ)く、「普段、住民は騒音による『わじわじ』（不快な心境を表す沖縄方言）を忘れようとしているにも関わらず、東京から来た人たちが不用意にこの問題に触れることで、日頃の不満が浮上し、町役場にそれをぶつけに来る。町長として大いに迷惑である。日米両政府ともにいろいろ努力していることを自分は理解しているが、住民はそうではない。政府側がいくら努力を重ねても、周辺住民には納得できないこともある」という率直な話だった。

第六節　在沖アメリカーナの反応

アメリカ人の一般的反応

那覇在勤中、筆者は在沖縄米軍や米国総領事館、沖縄在住の米国ビジネス界の関係者と頻繁に会って、諸々の問題について意見交換をしていた。米軍関連事件・事故に対するこうしたアメリカ人（沖縄方言でいうアメリカーナ）の生の声は、当時の地元メディアで必ずしも系統的に報じられていなかった。本書の読者の参考のため、筆者の経験を若干紹介する。

２００１年８月３日、筆者は沖縄米国商工会議所の月例昼食会で講演を行った（出席者は、米国民間人、米国総領事館員、在沖米軍中堅幹部など）。同講演の質疑応答部分で、出席した一人が「在沖米軍関係者による犯罪は限られているにも関わらず、地元メディアはなぜあれほどまでに批判的な報道をするのか」といった趣旨の質問をしたことに端を発し、次のような関連質問やコメントが続いた。

・県民は、昔の記憶が強すぎるのではないか。
・地元メディアに米軍非難記事が多く掲載されるのは、編集局の方針によるものと思う。
・沖縄県民一般は、本当は米国に友好的ではないのか。

・特定の地元政治の影響で、米軍非難が強まるのではないか。
・「米軍人が沖縄の人たちに支配者意識を持っている」というのは全くの誤りである。
・かつては政治的不適切性（要するに犯罪行為のこと）が多くあったことは認める必要がある。しかし、今米軍は再発防止に真剣に取り組んでいる。
・再発防止には、もっと真剣に取り組む必要がある。
・よき隣人政策こそ、最も重要なことである（注４）。
・日本政府は、日米安保体制の本質を県民に説明しようと努力していないのではないか。
・米軍関係者による事件・事故が発生すると、日本政府は米軍に綱紀粛正ばかり求め、自ら動こうとしないのはおかしいのではないか。

これらは、当時の彼らの率直な意見を羅列したものであって、その妥当性などについての議論はここでは避けたい。一方、筆者としては、在沖アメリカーナの間にも、彼らとしての「点と線」の意識

（注４）「良き隣人政策」は、１９９５年の少女暴行事件等を受け、米軍と沖縄県地域社会との間に「良き隣人関係」を構築するために在沖米軍が始めたものである。筆者の在勤中、在沖米軍は、この「良き隣人政策」のもとで、英語教育ボランティア、嘉手納空軍基地での嘉手納スペシャル・オリンピック緊急車両の米軍基地内通行、自治体消防との消防協定、沖縄マラソンや伊江島マラソン実施の際の米軍基地内通行、海兵隊による地元雇用機会の拡大、地元文化スポーツ行事への参加、地元婦人会との交流事業、各種ボランティア活動（清掃作業、児童施設・病院・老人ホーム・母子寮等における修復作業や美化作業など）と、広い分野で地元との協力を行っていた。

があることに気づいたことを書き留めておきたい。沖縄戦以降長い間、米国政府の施政権下にあった沖縄県が、日本復帰を経た後の１９９５年の少女暴行事件を発生させたことに対して、アメリカーナも心を痛め、米軍幹部は兵士たちによる事件や訓練中の事故の再発防止に真剣に努めているので、その努力を沖縄県民にも分かって貰いたい、という気持ちを持っていることが感じられた。

在沖米軍幹部の意識

那覇在勤中、在沖米軍幹部と接触して米軍関連事件・事故対応をしていた間に、彼らの行動パターンや意識の持ち方について、個人的に感じたところを以下に取り上げる。

①筆者の経験に関する限り、事件・事故が発生した場合、在沖米軍幹部は「事実関係の解明に努め、状況を正確に把握した上で日本側と協力していく」との基本姿勢をいつも取っていた。一方、今後の対策の決定と実施、発表の際にあり得る質問に対しての回答の検討といったことに時間が長くかかることもあった。その間の事件・事故の経過については、外務省沖縄事務所が在沖米軍や県警から情報を得て、地元メディアに適宜説明をしてきた。

②四軍調整官をはじめ在沖米軍幹部は、真面目な人たちであった。米軍関係者による事件・事故の再発防止のため、沖縄県側から出される諸要求にもできるだけ前向きに取り組んでいた。筆者の着任

直後の2001年2月、河野洋平外務大臣が沖縄を訪問し、基地所在市長町村長と懇談した際には、「従来在沖米軍が実施している『よき隣人政策』（注4参照）の一環として、兵士たちに一目見て分かる標語板を米軍基地のゲートに設置して貰うのはどうか」と、恩納村長から提案があったのを受けて、在沖米軍は直ちに具体的措置を講じた。

③2001年4月23日、米海兵隊のキャンプハンセンで、「Preserve our Honor with your Responsible Conduct」（「諸君の責任ある行動で、我々の名誉を守ろう」の意）標語版の序幕式が行われ、ヘイルストン四軍調整官は、基地周辺地域に出入りする際に「この言葉が、米軍兵士たちの心に刻まれることを期待する」と挨拶した。これが実際の犯罪防止にどれほどの効果をもたらすものかは疑問がないわけではないが、ヘイルストン四軍調整官は極めて真面目であった。「標語を六つ選んで定期的に入れ替える」と胸を張って述べていた。

④2001年（平成14年）夏7月9日に、交通安全県民運動、交通安全旗市町村リレー出発式が行われ、また、同11日、「平成14年度 青少年の深夜はいかい防止県民一斉運動」街頭キャンペーンが行われた。在沖米軍の「よき隣人政策」の一環として位置づけられるものと考えた筆者は、ラーセン四軍調整官代行にも協力を要請し、これら二つの行事に参加し、県庁前のビラ配りも一緒にして貰った。

⑤当時、米軍幹部は、事件・事故発生の際、まず在沖米軍幹部は実態把握に努めるとともに、日本側への情報提供にできるだけ応じようとする姿勢を示していた。2002年4月8日に米空軍嘉手納基地所属F−15戦闘機から訓練用照明弾の落下、同17日に普天間飛行場で米海兵隊CH−53型ヘリ

から燃料タンクの落下、同24日に嘉手納米空軍基地所属F‐15の風防ガラスが訓練中公海上に落下、同25日に嘉手納飛行場で米海軍C‐2輸送機から燃料漏れといったように、2、3週間のうちに4件の航空機事故が発生し、県民の不安が高まっていた際には、同30日にグレグソン四軍調整官は自ら記者会見を開いて4件の事故について説明をした。

⑥この記者会見は、沖縄米軍としては初めて自ら行った四軍調整官による会見であった。一方、当時の地元メディアは、そうした米軍の努力は評価せず、「新事実が入っていない」として短く報道しただけであった。一般的に、米軍側が自らのイニシアティブで行う記者への説明に対する地元メディアの取り扱いは、いかにも軽かった。後述する事件再発防止に関する地元報道と同様、米軍側に事故再発防止の一層の努力を促すという観点からは、もう少しこまめに報道して貰えたら、と当時強く思っていたことを記憶している。

⑦一方、当時筆者は、在沖縄米軍幹部の中には「日本人に合わない思考回路がある」ことも承知していた。前述の米空軍嘉手納基地所属戦闘機の事故に関し、嘉手納基地司令官に申し入れに言った際、先方は、F‐15がいかに優れた戦闘機であり、また、パイロットが優れた操縦能力を持っていること、「その結果、風防は公海上に落下したが、沖縄県民に迷惑をかけることなく、無事に飛行場に帰還したことを評価してほしい」と述べた。筆者は、「司令官の気持ちは分かるが、それを県民にストレートに言うべきではない」と警告した。先方は、いぶかしげな表情を浮かべていた。

⑧2016年と2017年に生じた、米軍ヘリ不時着などの事故に関する地元報道を見る限り、当時

の在沖米軍幹部のこうした⑦の思考回路は、現在でも生きているようである。司令官は、県民の生命に危険を及ぼすおそれのある航空機事故が発生した場合、県民に死傷者が出るような事態を回避し得た部下に対しては、まず褒めたいのである。これは「部下の責任をとがめない」との意図ではなく、一般住民を事故に巻き込まないですんでホッとした気持ちを表すとっさの反応なのである。

⑨米軍関連事故が生じた場合に常に問題になるのは、事故原因が公表される前に同種訓練が再開されるときである。ことに航空機事故については、事故原因が正式に発表されるのは、事故発生後かなり時間がたった後なので、訓練再開はその前になる場合が多い。訓練再開の動きを事前に察知し、在沖米軍側からできるだけ関連情報を提供させ、それを県民に適宜説明するというのが、筆者の在勤時代、外務省沖縄事務所が那覇防衛施設局とともに努力したところであった。こうした地味な努力に対して、当時の在沖縄米軍幹部から感謝されたこともあった。

⑩米軍関係者による刑法犯罪は、米軍幹部にとって頭痛の種であった。筆者は那覇在勤中、記者会見などを通じて、犯罪が増加している点について何度となく指摘していた。米軍幹部は、沖縄担当大使が定例記者会見で事件・事故を取り上げる頻度が多いことに不満を持っていたようであるが、米軍に対する注意喚起の意味もあり、彼らの不満を意に介することはなかった。

⑪一方、彼らは、公には決して口にしなかったが、場合によっては部下を死地に赴かせなければならない責任を持っている米軍指揮官として、基本的に部下のことをかわいく思っていて、米海兵隊そのものをあたかも犯罪集団であるかのように扱う発言や報道ぶりに接するときは、大きな不満を抱

いていたことも、筆者は肌で感じていた。

⑫勿論、彼らは、個々の犯罪行為を遺憾とし、地位協定の関連規定に沿って正当な処罰が下されることは当然視していた。「たとえ小さなことの積み重ねであったとしても、米軍側が日頃努力している様子を県民が広く承知し、それなりの評価をすることが、米軍関係者による事件・事故発生の抑制のためには重要である」と筆者は強く思っていた。

⑬米軍関係者による犯罪発生率について、筆者は那覇在勤を通じて思うところがあった。2003年1月14日、沖縄担当大使としての最後の定例記者会見に際し、この問題を取り上げ、「毎年県警が公表している統計数字に沿って、3年前から米軍関連の事件発生件数は増加に転じているので、引き続き事態をよく見ていく必要があるが、復帰当時に比べるならば、明らかに事件数は減少している。在沖縄米軍関係者一人当たりの事件発生率と県民一人当たりの事件発生率を比較した場合、前者の方が後者より低いことを説明し、在沖米軍の努力も評価すべきである」と述べた。

⑭地元メディアは⑬の筆者の見解を大きく取り上げ、その後、沖縄県の平和・女性団体などから「米軍と一般犯罪の比較はおかしい」と批判された。なお、筆者は最近、ある民間の関係者が、米軍関係者による米軍基地内外の刑事犯罪発生総数と県内一般犯罪の発生件数を比較し、「犯罪発生率は前者の方が多い」との見解を示したことを沖縄の地元報道で知った。もしもこの報道通りに、米軍関係者による犯罪が基地内外で増加しているとすれば、日米当局間の協力により、この趨勢を逆転させていく努力が必要である。

第四章　日米安保体制を巡って

県議会で答弁する仲井眞知事（2014 年 6 月 30 日）
11 月の沖縄県知事選挙への対応について、県議会で答弁する仲井眞弘多知事（那覇市の沖縄県議会）＜写真：時事＞

第一節　日本の選択

安全保障の基本的枠組み

1951年9月8日、吉田総理大臣兼外務大臣は、米国サンフランシスコ市で日本国との平和条約（注1）に調印した。1945年8月15日に日本がポツダム宣言を受諾して降伏して以来、約7年という長い年月を経てやっと日本は独立を回復し、国際社会に復帰した。同じ日に、吉田総理・外務大臣は、日米安保条約（注2）に署名した。

日本の敗戦後、マッカーサー米陸軍元帥を総司令官とするGHQ（連合国軍総司令部）は、巨大な権限を背景にして、現行憲法の制定をはじめ、民主主義原則を基礎に置いた法制度改革を急ピッチで進めた。その影響は日本社会の隅々にまで及んだ。戦争を通じて塗炭の苦しみを舐めていた国民は、政治的抑圧から解放され、GHQ指導の平和主義・民主主義の諸改革を強く支持した。当時の日本政府には、GHQの指令に変更を求める力はなく、残っていた優秀な官僚を駆使し、GHQの諸々の指令をできる限り素早く実施に移し続け、またそれによって、政府行政機構の骨格を守り切った。

一般国民は、最少必要限度の食料確保に奔走し、「食料寄こせ」運動の激化など、デモの頻発によって大きく揺れ動く社会情勢のもとで、しぶとく生き抜こうとしていた。GHQは、援助物資の供給に力を入れるとともに、急速に過激化していたデモに対しては、占領政策の遂行に反しない限りにおいて、政治的自由を認めるように規制を強めていった。経済面では、戦後直後から始まったインフレに対処するため、ドッジ特使による大緊縮財政が実施され、日本経済は疲弊していった。

連合軍の占領が長引き、独立回復の希望がなかなか見えてこない中で、国民は苦境に耐え続けた。そうした状況下で、米ソ冷戦や中国の独立、朝鮮半島情勢の流動化など、日本を取り巻く国際政治・軍事情勢は急速に緊迫化していった。これは、現行憲法発布当時、日本の完全非武装を目指していたマッカーサーにとっても、予期していなかった急速な変化であった。

米国政府は、日本占領当初のマッカーサーの意向と異なり、在日米軍の長期駐留の確保と日本に防

（注1）１９５１年9月4日から8日まで、サンフランシスコで52か国の代表のもと、日本との平和会議が開催され、7日、吉田茂全権が受諾宣言を行い、8日に「日本国との平和条約」の調印式が行われた。会議参加国のうち、ソ連・ポーランド・チェコスロバキアの3か国を除く49か国が署名した。１９５２年4月28日、平和条約は発効した（以上「日本外交文書」より抜粋）。なお、この条約は、サンフランシスコ市で調印式が行われたことから、「サンフランシスコ条約」「サンフランシスコ平和条約」「サンフランシスコ講和条約」などと呼ばれている。

（注2）サンフランシスコ平和条約署名式と同じ日、吉田全権はサンフランシスコ陸軍第六司令部で、アチソン国務長官やダレス特使などの米国政府全権との間で、「日本とアメリカ合衆国との間の安全保障条約（旧安保条約）」に署名した。旧安保条約は１９５２年に発効した。その後１９６０年1月19日、日本政府は岸信介総理大臣のもと、「日本国とアメリカ合衆国との間の相互協力及び安全保障条約（新安保条約）」に署名した。新安保条約は、この年の6月23日に発効した。

衛力を保持させる必要性に対して認識を深めていった。そして、朝鮮戦争の勃発が、米国の対日占領政策の変更に、最も大きな影響を与えることになったのである。

当時の日本国内では、非武装中立論を訴え、全面講和を求める革新派の政治運動が盛んに行われ、また保守派の間では、GHQの押し付けによる憲法改正に反対する意見や自主防衛を求める根強い意見が表明されるといったように、両極端の動きが渦巻いていた。米国政府の強い要請により、日本政府は警察予備隊及び海上保安庁を発足させ、在日米軍の基地使用を広く認める日米安保条約とのセットで、やっと独立回復にこぎつけた。朝鮮戦争による特需は、疲弊した経済の復興に大きく貢献した。

このような状況下で、自衛権の行使について大きな制約を課している現憲法と両立できる形で日米安全保障条約を結ぶという、すっきりとしない安全保障体制が構築された。これは、独立回復を急ぐ吉田政権にとって、事実上「他の選択肢がなかった」(注3)ためである。このように、現行憲法、サンフランシスコ平和条約及び日米安保条約という、日本にとって大きな意味を持つ戦後の基本的な枠組みは、日本政府が主体的に動いてつくり上げたものではなかった。一方、平和憲法に対する国民の支持は非常に大きいものであった。

戦後の新たな安全保障体制を発足させた当初から、政府は「憲法解釈と精緻な国会答弁の積み重ねによって、日本国憲法と安全保障政策の整合性を図る」という運命を背負っていた。国会における安保論議は、例えば、政府が国会に承認を求める安全保障関連の条約案について憲法に違反しないかどうか、日本の防衛に関する諸政策は憲法と整合性・一貫性を持っているか否かといったような、条約解釈や憲法解釈を巡るものが中心であった。日本が戦争に巻き込まれるおそれのある際の自衛権行使と日米安保条約との関連について、国会では仮定に基づく「安保論議」が延々と続けられた。

こうした議論は、実際の国際政治・軍事情勢からかけ離れた抽象的なやり取りであり、安全保障問題の専門家でない一般人にとっては、国会の安保論議は理解し難いものであった。その間、政府は、防衛力の整備と実務的な日米防衛協力を着々と進めていった。

大田昌秀氏は、自著『こんな沖縄に誰がした――普天間移設問題――最善・最短の解決策』（同時代社）の中で、サンフランシスコ平和条約によって沖縄を米国施政権下に置いたのは、「日米両政府の合作」であるとして非難している。大田氏のように沖縄戦を生き延びた人たちは、沖縄を米国の施政権に委ねた日本政府の決定に対して、さぞ悔しい思いをしたことであろう。同氏が「日本は沖縄を見捨てた」と非難したかった気持ちはよく分かるが、だからと言って、保守党政権ではなく、片山社会党連立内閣が続いていたと仮定した場合、果たして沖縄のために何か特別なことをすることができたであろう

（注3）岡崎久彦著『吉田茂とその時代』（PHP文庫）。なお、紙面の都合もあり、本書では1945年8月15日のポツダム宣言受諾から1952年9月8日のサンフランシスコ平和条約及び日米安保条約の調印に至るまでのいろいろな経緯の説明は省かざるを得なかった。筆者が主に参考にしたその他の文献は、吉田茂著『回想十年　新版』（毎日ワンズ）、リチャード・B・フィン著、内田健三監修『マッカーサーと吉田茂（上下）』（同文書院インターナショナル）及びハワード・B・ショーンバーガー著、宮崎 章訳『占領1945～1952――戦後日本を作り上げた8人のアメリカ人』（時事通信社）である。

か。臥薪嘗胆を忘れ、国策の誤りによって、アジア太平洋戦争に突入し敗戦した日本及び日本国民が多くのものを失ったことを、大田氏も十分承知していたはずである。

サンフランシスコ平和条約で沖縄が日本から切り離され、日米安保体制のもとで多くの米軍基地が沖縄に展開されることになったのを憂い、沖縄県民の痛みをよく分かっていた政治家は保守系の間にも多くいた。そうした人たちは、国際情勢が緊迫化し、沖縄の地政学的な重要性が高まる中でも、根強く沖縄の日本復帰のために努力を続けていった。長い年月はかかったが、のちに政府として沖縄復帰を果たすことができた。

敗戦によって日本が受け入れた戦後の枠組みは、結果として、日本に長期の繁栄と安定をもたらした。吉田総理大臣のこの重要な政治選択のもと、その後、日本は国力の増大に努め、国際情勢を上手に使って、今日の繁栄と安定をつくり上げていった。しかし、その一方で、日本はアジア太平洋戦争の結果生じた、諸々の負の遺産から逃れることができないでいる。沖縄県民の米軍基地負担軽減問題も、その一つである。この負の遺産の克服を忘れて、沖縄の将来を語ることは無責任であろう。

歴代知事と日米安保体制

沖縄の日本復帰に際し、初代の沖縄県知事に就任した屋良朝苗元琉球政府行政主席は、反日米安保、反米軍基地、沖縄からの米軍基地の撤廃などをテーゼとする革新共闘を支持基盤にしていた。やがて琉球行政府主席、沖縄県知事に就任していく過程で、「政府から引き出し得る最大限の譲歩の枠内で、日本復帰を受け入れる」との姿勢を示すようになり、革新共闘グループと溝を深めていった。また、屋良知事は、「米軍基地を〝本土並み〟に縮小してほしい」との県民の願望に対しても、実現に時間がかかるとして、現実主義的な立場で県政を運営した。

屋良知事の後を追った保守派の西銘順治（にしめじゅんじ）知事は、県知事を3期務めた12年間、日米安保体制を支持しつつ、米軍基地の整理縮小を政府に求め続けた。

1990年11月、西銘知事は第4期目を狙って県知事選に臨んだ。復帰以来続いてきた保革対立も、その頃には大分収まってきていた。結果は、革新共闘のバックアップを受けて知事選に臨んだ平和主義者の大田昌秀琉球大学元教授が、西銘現職知事を破って当選した。

県知事就任後、大田氏は、米軍基地問題に対して政府との間で現実的な対応を迫られることになり、県政運営に当たって革新共闘側から批判を受けることが多々生じていた。

こうした状況の中、大田知事は「日本の安全保障にとって日米安保体制が重要であるならば、米軍基地の過重負担を沖縄県民にのみ押し付けるべきではない」との論法をもって、「全国民が基地負担を分かち合って、沖縄の負担を軽減していくべき」ことを強く訴えた。一方、日米安保体制に対する自らの考え方を公に述べることは慎重に避けていた。

大田知事を破って当選した稲嶺（いなみね）知事は、保守系の知事であり、日米安保体制を容認していた。一方、基地負担軽減や地位協定改定の問題については、政府に極めて厳しい対応ぶりであり、那覇在勤当時の筆者の目には、保守系の稲嶺知事も、心情的には、革新系の大田前知事にかなり近い立場であるように映っていた。

稲嶺知事の後継者である仲井眞知事は、保守系知事として日米安保体制を容認した。当時、筆者が沖縄経済同友会会長であった仲井眞弘多氏と会って意見交換した際、日本の安全保障体制が話題になったとの記憶はない。なお、後述のように、仲井眞知事は「地政学上の沖縄の重要性」という議論については懐疑的であった。

現職の仲井眞知事を破って当選した翁長雄志氏は、元自民党沖縄県連幹事長であった。翁長知事は、自著『戦う民意』で「自由民主党出身の私は、日米安保体制の重要性を十二分に理解しています」と述べている。一方、「品格のある安保体制を」と訴えるなど、幾つかの点で、保守系というよりも革新系知事に近い言動を示した。

玉城現知事は、就任以来、インタビューや寄稿、公演などを通じて、日米安全保障体制を認める立場について述べ、「在沖米軍全基地の即時撤去を求める立場ではない」と語っている。一方、翁長前知事と同様、日米安保体制の根幹に関わる抑止理論などには疑問を投げかけている。玉城知事が日米同盟をどこまで支持しているかどうかについては、不明なところがある。

以上を総括すれば、革新・保守の別を問わず、歴代沖縄県知事は、日米安保体制の枠内で米軍基地負担の物理的軽減と地位協定の見直しによる県民負担の制度的軽減を訴えてきているといえる。また、後述のように、日米安保条約という「親」の安保の枠組みを容認しつつ、県民負担軽減の一環として、地位協定という「子供」の協定の抜本的見直しを求めていることで共通している。

第二節　地政学を巡って

日本列島と地政学・地経学

「地政学」は、古くて新しい学問である。時に応じて、表舞台に現れたり舞台裏に退いたりするものの、決して消え去ることはない。帝国主義時代から二つの世界大戦にかけて、有力な学者たちが地政学的アプローチを関係政府に強く勧めていた経緯もあり、戦後、地政学は特に革新派や平和主義者の人たちから大きな批判にさらされた。地政学は現在でも、日本で暗いイメージが持たれがちである。

連合国側は、二度にわたる世界大戦の勃発を止めることができなかったとして、戦争終了前から国際連合の設立を目指す動きを始めた。そして、戦後国連を中心に、より理想的な国際社会を実現することを目指した方針を取りまとめ、旧枢軸国に個別に適用し始めた。しかし、程なくして、国際社会は米ソ二超大国とそれぞれの勢力圏が対立する時代に入り、国際情勢は大きく変わっていった。

冷戦時代に外務省勤務を始めた筆者は、1970年代初め、外交における地政学的視点の重要性について、外国の国際政治学者から外務本省で何回か講演を聞く機会があった。冷戦の最中にあったこともあり、帝国主義時代のままの地政学復活の可能性は小さいように思えた。

冷戦は1989年のベルリンの壁崩壊とともに終結し、それ以降、平和な時代が長期にわたって到来するとの期待が高まった。しかし、まもなく国際社会の多極化と大国を中心に幾つかの勢力圏争いが露わになり、再び地政学の重要性が認識されるようになってきた。筆者も、日々の外交の実務処理を行う中で、地政学的視点に慣れ親しんでいった。最近では、地政学と並んで、経済的手段を用いて国益を追求する「地経学」の視点も、重要視されるようになっている（注4）。

日本ではあまり広く読まれていないようであるが、フランスのパスカル・ボニファス国際関係戦略研究所所長とユベール・ヴェドリーヌ元ミッテラン仏大統領顧問共著の「最新 世界情勢地図」（原名「Atlas du Monde Global」）という冊子が、日本語に翻訳され、ディスカヴァー・トゥエンティワンから刊行されている。これは、過去の世界における大きな転換点、グローバル化した世界についての様々な見方、様々なデータ及び各国から見た世界を、地図と最小限の説明文でもって描くもので、読者に地政学的見方を養うことを慫慂（しょうよう）する興味深い参考書である。

この中で、例えば、日本から見た世界と並んで、日本と特に関係の深いアメリカや中国、ロシア、インドなどから見た世界が紹介されている。市販の世界地図をさかさまにして、日本から中国及びロシア、中国とロシアから日本を見るだけも、日本は小さな海洋国家であり、中国やロシアが大きな大陸国家であることは改めてよく分かる。

日本は、海洋の航行の自由が国の運命を左右する地理的位置にある。中国とロシアは長い間、大陸内で「食べていける」国であった。日本と政治体制を異にする中国やロシアにとって、日本は極めて「目障りな」地理的な位置を占めている。しかも、日本の地に強力な米軍基地が幾つも存在することから、長年にわたって日本の防衛政策や日米同盟を批判的に見ている。好むと好まざるとに関わらず、日本はこのような地政学的位置を占めているのである。

地政学・地経学は、各国の地理的位置、政治経済社会体制、外交・防衛方針、国際戦略といったことを総合的に捉え、それぞれの国が国益増進あるいは国益が損なわれない方途を研究するものであり、胡散臭（うさんくさ）い学問ではない。日本の地政学的位置の重要性については、中国やロシアは先刻承知のところ

（注４）最近の刊行物の中では、杉田弘毅著『「ポスト・グローバル時代」の地政学』（新潮選書）、及び「JFIR World Review Vol. 2」掲載の河合正弘日本国際フォーラム上席研究員（公共政策院大学特任教授）の巻頭論文「『地経学』から見る二十一世紀の世界」が、地政学・地経学の現状を知る上で良い参考になる。その中で杉田弘毅氏は、「地政学」と民衆の「怒り」の交差する危険を指摘している。翁長知事は地政学という学問自体を否定はしなかったようであるが、その政治手法は民衆の「怒り」を政府との対立の中で増幅させたという点で、杉田氏の指摘するポピュリズムの持つ大きな課題を浮き彫りにしたといえるのではないか。

であり、機会があれば日本に揺さぶりをかけようとする。平和主義者も理想主義者も、現実主義者と同様に、こうした外国による日本周辺地域における諸行動をよく見守り、日本の日頃の対処ぶりを常に研究していく必要がある。

日本国憲法前文にある通り、日本は「平和を愛する諸国民の公正と信義に信頼して、われらの生存と安全を保持しようと決意した」が、現実の国際情勢はそれを可能にする理想的な国際社会を生み出すには程遠い。長期的な理想を掲げることは重要であるが、政治家としては、現実を離れて政治を行うわけにはいかず、その意味でも地政学・地経学を無視することはできない。

沖縄と地政学

沖縄県の諸資料の中に、沖縄を中心にした地図がある。それを見ると、「沖縄が本土とアジア大陸を結ぶ中央に位置する」という重要な地理的位置にあることがよく分かる。米海兵隊を沖縄に駐留させる地政学上の必要性があるのか、特に米海兵隊の普天間飛行場の代替施設を辺野古(へのこ)に移設・建設する地政学上の必要性があるのかどうかなどなど、沖縄の地政学上の持つ意味について、沖縄県内で頻繁に行われている議論を承知する上でも、この地図は一つの参考になる。

沖縄の持つ地理的な特徴を活かした政治は、琉球王国の時代から顕著であった。それは、琉球の持つ「地経学」的な有利性の活用であった。琉球王国は、明に冊封体制を求めて以来、長い間、中国や東南アジアと交易を盛んに行い、ヤマトと中国の文化を取り入れた独自の文化を発展させていった（注5）。17世紀に入って琉球に侵入した薩摩藩も、この交易のもたらす利益を確保するため、琉球の持つ特別のステータスを維持することに腐心した。のちに明治維新を迎え、中央集権化の必要性に迫られた政府は、全国で版籍奉還に続いて廃藩置県の荒療治を迅速に実施したが、琉球王国に関しては、中国との関係をも考慮に入れ、廃琉置県に時間をかけた。

琉球王国は、独特な形で450年にわたって王朝を保ってきた。このことから分かるように、沖縄は日本にとって、地政学・地経学的に見て極めて重要な地位を占めていたのである。のちに日清戦争（1894～1995年）で日本が台湾を獲得したことによって、沖縄県の持つ軍事上の重要性はさらに高まった。

アジア太平洋戦争中、連合軍は1944年6～7月のサイパン島の戦いに勝った後、10月にはレイテ湾に上陸した。ルソン島の戦いを迅速に進め、翌1945年1月に次の作戦目標を当初の台湾から沖縄に変更した。連合国側にとって沖縄は、日本を早期に降伏に導くために戦略的に好位置を占めていた。そして、日本全土を爆撃対象にするための最前線基地を構築することを目的とし、3月末から沖縄上陸作戦を行った（注6）。

（注5）高良倉吉著『アジアの中の琉球王国』（吉川弘文館）

沖縄の米軍基地は、1945年の沖縄戦の最中に建設が開始された。その後の基地建設の推移を説明することは避けるが、1952年のサンフランシスコ平和条約と日米安保条約の発効を経て、防衛力の整備と日米安保協力を二本柱とする日本の安全保障体制が進展していく中で、日米両国にとって沖縄の地政学上の重要性は益々大きくなっていった。

海洋国家日本の地政学的利害と大陸国家である中国やロシアの地政学的利害は、一致する場合もあれば相反する場合もある。日本は、世界の海洋における航行の自由確保に基本的な利害関係を持っている。中国やロシアとの外交関係を良好に維持することは、日本の安全保障にとって死活的に重要であるが、これら両国が日本の近辺で軍艦を航行させたり、公船を使って測量をしたり、両国の民間漁船が操業したりするような場合には、日本政府も民間関係者もその意図と実際の行動に対して神経質にならざるを得ない。

2020年4月1日、警察庁は武装集団による不法上陸などに備える目的で、沖縄県警察に国境離島警備隊を創設した。これも、好むと好まざるとに関わらず、沖縄が日本にとって地政学的に重要な位置占めていることの証左である。

一方、沖縄県民は、沖縄戦を通じて戦争の酷さを体験し、「二度と戦争を起こしてもらいたくない」と強く願っている。県民は真摯に平和を希求している。県民は、冷戦時代と比較すれば、近年の日本を取り巻く国際情勢は改善していると見ており、そのような中で、いまだに多くの米軍基地が沖縄に存続していることに苛立ちを深めている。県民の「米軍基地負担疲れ」の宿痾は広まり続けており、「沖縄の地政学的重要性」が口にされるたびに嫌悪感を持つ人が多い。

普天間・辺野古問題との関連で、「辺野古が唯一の解決策である」とする立場が政府によって強調され、また、日本の中であたかも「沖縄だけが地政学的重要性を持っている」かのような議論が本土を中心に行われていることから、県民の間に不安と疑問が生じている。

しかし、実際には、北海道はロシアに面する日本海・オホーツク海と北太平洋方面において、本州・日本海沿岸はロシア・朝鮮半島に面する日本海方面において、九州は朝鮮半島及び中国にそれぞれ面する東シナ海と黄海方面において、沖縄は朝鮮半島や中国、台湾にそれぞれ面する黄海や東シナ海と南シナ海方面において、それぞれ重要な地政学的位置を占めている。沖縄だけが、日本の安全保障確保にとって、重要な地政学的な地位を占めているわけではない。

政府は、「辺野古が唯一の解決策」とする立場と、日本列島の中で沖縄の占める地政学的重要性の問題とを切り離し、後者について沖縄県民に適切な説明を行うべきである。この問題については、第六章で考察する。

（注6）当時の米国文化人類学者の多くは、沖縄上陸作戦の実施に対し、「日本とは異なる歴史と文化を持つ沖縄人の解放」という大義名分を米軍に与えていた。この辺りの状況については、大田昌秀著『沖縄の帝王 高等弁務官』に詳しい。文化人類学的視点と地政学的視点を特定の政治目的のために表面的に結びつけることの危険性を知らしめる上で好著である。

歴代知事と地政学

歴代知事は、任期中に公式に発言をしていたか否かは別にして、多かれ少なかれ、地政学について「沖縄への基地押し付けを後押しする学問ではないか」という警戒感を抱いていた。

大田昌秀氏は、大田平和総合研究所主幹という立場で上梓(じょうし)した自著（注7）の中で、「沖縄に過重な基地が存在するのは、地政学上のいわば宿命論に基づくのではなくて、むしろ政府の人為的差別政策によるというよりほかない」と書いている。これは、客観的な調査分析というよりも、同氏の持論の展開であり、沖縄が地政学上で重要な位置にあることを否定することはできない。

沖縄の地政学上の重要性は、沖縄にとって今や宿命的な政治の現実である。沖縄県知事を務めた大田氏は、「人為的差別政策」といった持論で地政学の問題から目をそらすのではなく、地政学上の視点を正面に据えて、沖縄戦以来の様々な国際政治や軍事、経済上の要因が絡まって過重となった米軍基地負担軽減の具体的な方法を直接に論じるべきであった。

仲井眞知事は、任期中に公式の場で、地政学について疑問を投げかけた。2011年5月7日、沖縄を訪問した菅直人内閣の北澤俊美防衛大臣から防衛省作成の小冊子「在日米軍・海兵隊の意義及び役割」を受け取り、同6月1日付文書で沖縄県から防衛省に細かく質問し、その後も何回か文書でのやり取りが行われたが、仲井眞知事として納得できる回答は得られなかったといわれている（注8）。その後の2012年2月の県議会において、「地政学というのは、僕らの記憶では、ヒトラー時代に

『〔学〕とも言いがたいような〔学〕』と言われたぐらいよく分からない学問」と述べている。

翁長知事は、任期中に上梓した自著『戦う民意』の中で、地政学上の観点から「辺野古新基地建設を説明することはできない」と述べた。

なお、玉城現知事の地政学上の問題に対する考え方は不明である。

政府は、沖縄に米軍基地が集中し、多大な県民の米軍基地負担に責任を有しているがために、不安定で、不透明で、不確実性の増している現下の国際情勢における沖縄の地政学的重要性の高まりについて、懇切丁寧に説明していく必要がある。これまでの政府の説明は、いかにも官僚答弁的であり、沖縄県民の心に届くものがない。政府は、「すれ違いの説明」といった印象を県民に与えることなく、分かりやすい論理をもって、地政学上の重要性を説明していく必要がある。

（注7）大田昌秀著『こんな沖縄に誰がした——普天間移設問題—最善・最短の解決策』（同時代社）
（注8）竹中明洋著『沖縄を売った男』（扶養社）

第三節　抑止力を巡って

日本を取り巻く安全保障の環境

政府の基本的安全保障政策は、①適切な防衛力の整備、②日米安全保障体制の堅持、③外交努力・国際協力の推進によって国の安全保障を図ることにある（外務省ホームページ）。また、政府は、米国の軍事力による抑止力を日本の安全保障のために有効に機能させることによって、自らの適切な防衛力の保持と合わせて隙間のない態勢を構築し、日本の平和と安全を確保している（防衛省ホームページ）。

この政府側の説明は、世界政府の樹立が実現性に乏しく、いつ不安定化するか分からない国際情勢のもとで、自らを守る努力と米国との同盟関係の強化によって、またいかなる国からの脅威に対しても迅速に対応する用意を常に怠らず、同時に日本を取り巻く安全保障環境の改善のための外交努力を日頃から重ねることが重要、との趣旨であると筆者は解している。現に国民は、長年にわたって、日米安保体制を含む現実的な安全保障政策を支持してきている。

日本を取り巻く安全保障環境を考察する際に最も重要なことは、国際情勢を楽観視しないことである。前述のように、日本国憲法は前文で、「平和を愛する諸国民の公正と信義に信頼して、われらの安全と生存を保持しようと決意した」と宣言した。しかし、現実の国際社会は、この決意を担保するほど成熟していない。日本は憲法第9条のもと、防衛力の整備と日米安保協力という現実的な安全保障政策を取らざるを得ない。この状況は、今後とも長期にわたって継続する可能性が大きい。

翁長知事は、自著『戦う民意』で、「日米両政府が日本の安全保障のあり方、日本とアジア・世界との関係を十全に考えることがない」ことに危惧の念を表明した。また、政府が、冷戦時代には主としてソ連を仮想敵国とし、冷戦後には中国の脅威に対する抑止力として、沖縄の米軍基地に価値を見出してきているが、今やソ連はなくなり、中国も以前のような共産主義国家ではないとして、政府の安全保障政策・外交政策に疑問を投げかけた。さらに、「沖縄は地政学的に有利とはいえない」「基地は抑止力にならない」「アメリカは中国と戦わない」などの議論を展開した。

ところが、冷戦後の国際情勢の安定は、実際には、期待されたほど長続きしなかった。確かに国家間の大規模な戦争こそ回避されてきているものの、国際情勢の不確実性・不透明性は増大し、落ち着く先がなかなか見えてこない。冷戦終了後のしばらくの間、「特定国を仮想敵国として軍備の増強を図る」という露骨なパワー・ゲームは舞台の後方に下がり、より繊細な国防方針が各国で取られていくものと期待された時期もあったが、最近では、軍事オプションを含むディールと「米国第一主義」を外交の中心に据えたトランプ米大統領の政策が象徴しているように、パワー・ゲームは軍事的衝突の危機へと向かっているようにも見える。

米・イラン関係や米中覇権争い、中東情勢の流動化、ウクライナ問題、米ロ関係、カシミール問題、朝鮮半島問題など、世界の多くの地域で緊張関係や難しい状況が生じており、2020年に入ってからは、にわかに米・イラン間の緊張が激化してきた。同時に、中国の経済力が益々増大し、米国も含めて世界各国の中国に対する経済貿易依存度が増大している。その一方で、中国とロシアとの軍事的協力関係は進展している。国際情勢は流動的で複雑である。また新型コロナウイルス感染の脅威に世界がさらされている。将来、どのような国際秩序が新たに形成されることになるのか予想がつかない。

沖縄と抑止論

2018年12月18日に閣議決定された防衛大綱は、日米同盟の抑止力に関し、平時から有事にかけて日米間の情報共有の強化、両国間の実効的かつ円滑な調整、各種の運用協力の強化、柔軟に選択される抑止措置の拡大・深化、共同計画の策定と更新、拡大抑止協議の深化、米軍の後方支援や米軍の艦艇、航空機などの防護などなどによって、日本の平和と安全を確保するためのあらゆる措置を講ずるとし、共同訓練・演習、防衛装備・技術協力、能力構築支援、軍種間交流などを含む防衛協力・交流を戦略的に実施することを明らかにしている。

また、在日駐留米軍の円滑かつ効果的な確保とともに在日米軍再編を着実に進め、米軍の抑止力を維持しつつ、地元の負担を軽減していくとし、特に沖縄については、普天間飛行場の移設を含む在沖縄米軍施設・区域の整理・統合・縮小、負担の分散によって、沖縄の負担軽減を図っていくことを明らかにしている。

沖縄の米海兵隊の「抑止力」に関する照屋寛徳衆議院議員（沖縄２区選出）の質問に対する、２０１０年６月８日付の菅直人総理大臣の答弁書（政府統一見解）というものがある。そこでは、「日米安全保障体制のもとでのアメリカ合衆国の軍隊の抑止力については、我が国に駐留するアメリカ合衆国の軍隊のみならず、来援するアメリカ合衆国の軍隊の運用なども併せて総合的に考える必要があるものと認識しており、幅広い任務に対応可能で機動性と即応性に優れた海兵隊は、その重要な要素の一つであると考えている」と、公式見解が示されている。これは、現在でも生きている見解である。

翁長知事は、『戦う民意』の中で、①沖縄に常駐する海兵隊の規模が小さく、一端有事の場合は米本国から大量の兵力が当該地に派遣される、②海兵隊は陸海空の総合兵力を有するが、海兵隊の陸海空のチームは日本に分散されている、③沖縄に駐留している部隊は上陸作戦を実施する陸戦隊の主力であって、「一体性、即応性、機動性」という総合力を要する海兵隊の抑止力は沖縄では実際には機能しない、④これらのことは沖縄に海兵隊基地を置く必要不可欠性を否定しているなどなど、抑止力の観点から在沖海兵隊の存在に疑問を呈した。その上、「アメリカは中国とは戦わない」とも断定している。

翁長知事は、前述の菅直人総理大臣の答弁書にある、「米の抑止力については、日本駐留米軍と来援する米軍の運用などを併せて総合的に考える必要」という抑止論の根幹について、また、海兵隊が陸空海を含めて米軍の総合力の重要な要素を構成していることについては触れないまま、在沖縄米海兵隊のみを取り出して、「一体性」「即応性」「機動性」に対して疑問を投げかけるという相当ラフな議論を展開していた。

（核）抑止力・（核）抑止論は、陸海空軍などの総合力、核兵器や通常兵器、各種弾道弾、サイバー攻撃・防御用施設といったハードの装備や情報収集と攪乱（かくらん）、その他のソフト技術の広い活用、同盟国との緊密な協力などなどをもって、いかなる第三国に対しても、攻撃・侵略を仕掛けてくる意欲と意図を持たせないことを狙いとしている。日頃から同盟国との間で兵力の展開方法や有事の際の実務協力能力の向上に努めていることを通じて、抑止力の有効性を高めている。

「在沖縄米軍兵力は十分でなく、海兵隊の役割はあまり大きくない」ということを理由にあげて、抑止の有効性を否定することには無理がある。長年にわたって多大の努力が行われている、日米の間の軍事・防衛協力の実態から大きく離れた議論を展開しようとしても説得力がない。日米防衛協力は、外から想像する以上に緊密で効果的である。

勿論（もちろん）、抑止力の保持だけで、第三国からの攻撃・侵略を思いとどまらせることはできない。日本周辺の好ましい安全保障環境を維持し発展させていくためには、中国などのアジア各国のみならず、世界各国とも友好関係を維持し発展させていくことが必要である。外交の推進による平和的環境の整備は、防衛力の整備・日米防衛協力の推進の前提ともいうべき重要な政策であり、歴代政府はこの方針を貫いている。

玉城現知事は、「沖縄の米軍基地の7割を占める海兵隊の駐留は、日本の抑止力にはいっさい関係がない」とし、「『抑止力維持のために沖縄に米海兵隊が必要』『辺野古が唯一の解決策』という政府の説明は成り立たない、少なくとも軍事的合理性を欠いている」と述べている（注9）。これは、翁長前知事と同じ論法であるが、安全保障上の実態を反映していない。

第四節　地位協定を巡って

地位協定とは

「日米安保条約」は、沖縄県民にとってある意味では抽象的な存在であるが、「地位協定」は、特に米軍基地周辺住民にとって、日常生活に直接的で具体的な影響を与える2国間協定である。米軍基地は、日常生活上の環境保全や安全・安心を害するおそれがある反面、基地内に土地を所有している地主や基地内で働く労働者にとっては、家計維持のための重要な収入源である。基地周辺住民は、米軍基地の存在に対して複雑な感情を抱いている。

（注9）『文藝春秋』（2019年7月特別号）掲載の玉城知事に対するインタビュー「沖縄はすべての基地に反対ではない」

1951年9月8日、日本政府はサンフランシスコ平和条約に調印した直後、米国政府との間で安保条約（いわゆる旧安保条約）を結んだ。政府は同条約第3条に基づいて、日本に駐留する米軍の地位や特権などを定める行政協定の交渉を開始し、翌1952年2月28日に米政府との間で協定に調印した。これが、地位協定の前身の行政協定である。

1960年1月19日、旧安保条約を全面的に改定した新日米安保条約（正式名称は「日本国とアメリカ合衆国との間の相互協力及び安全保障条約」）の調印に伴い、同6条に基づき、新たに地位協定が調印された。同協定の正式名称は、「日本国とアメリカ合衆国との間の相互協力及び安全保障条約第6条に基づく施設及び区域並びに日本国における合衆国軍隊の地位に関する協定」であり、日米安保条約とともに国会で承認された国際約束である。

このように、地位協定は、「〝親〟の安保条約のもとで生まれた〝子供〟の国際約束」という関係にあり、〝親のＤＮＡ〟を強く引き継いでいる。

地位協定は、日本に駐留する米軍のための施設・区域の使用のあり方や駐留米軍の地位について規定している日米間の国際約束である。この国際約束は、政府が国会に承認を求め、審議を経て成立したものである。国際約束の名称については、条約や協定、憲章など、幾つかの類型がある。

通常、条約や協定の細則については、新たに国会の承認を必要としない関係各国政府間の合意によって規定される（行政取極）。

地位協定の各条の具体的な意味などの細則は、「日米地位協定合意議事録」と呼ばれる行政取極に記録されている（外務省ホームページ参照）。

沖縄の米軍基地問題でよく取り上げられる「合同委員会」とは、同協定第25条に基づき、地位協定の実施に関して正式に設置されている両国政府間の協議機関のことである。例えば、嘉手納米空軍基地や普天間米海兵隊飛行場といった、個々の施設・区域の提供を含めた地位協定の実施細目は、主として合同委員会合意で規定される。

これまでの合意を一瞥すると、駐留米軍の基地周辺住民の日常生活に直結する様々な問題、例えば、訓練区域やその使用条件、訓練空域使用の通報、基地への立ち入り許可、演習場への立ち入り規制、訓練の移転、航空交通管制、航空機騒音対策、貯蔵施設の公共の安全、施設・区域の返還、検疫、免税措置、刑事裁判権関連の諸手続き、民事裁判権関連などがある。また、合同委員会合意のほか、環境保全・軍属の範囲に関して地位協定を補足する行政取極が2件結ばれている。

「運用の改善」を巡って

――「運用改善」とは

沖縄県では米軍関連の事件・事故が続いており、再発防止のためには、前述の合同委員会合意や地位協定の補足行政取り決めでは極めて不十分であるとし、地位協定の抜本的見直しを求めてきた。これに対して、政府は「手当すべき事項の性格に応じて、効果的かつ機敏に対応できる最も適切な取組を通じて、個々の問題ごとに対応する」としている。これが「運用改善」と総称される、前述の合同委員会合意や補足行政取極である。これは、国会の承認を必要とする国際協定の改正を意味するものではない。

沖縄県において特に問題とされるのは、刑法犯罪の分野、航空機事故、環境分野などの米軍関連事件・事故である。裁判手続き、県警はじめ日本側公的機関の調査の及ぶ範囲などについて、地位協定上、日本の関連法規の適用が制限され、事件・事故原因究明と効果的な再発防止策に大きな制約が課されていることに強い批判が向けられている。これらの批判に関連し、政府は、重大な個別事案が発生した際などを中心にして、以下のような「運用改善」措置を取ってきた。

①刑法犯罪分野では、1995年10月に刑事裁判手続きの改善（起訴前の拘禁の移転）が行われ、その後の2011年11月に公務中の軍属による犯罪に関連して、米側または日本側による裁判のいずれかによって、適切に対応する新たな枠組みをつくった。

②また、米軍関係者による事件・事故に関連し、軍属の範囲の明確化のため、2017年1月に日米両政府は、日米地位協定の軍属に関する補足協定（行政取極）に署名した。

③航空機事故については、2004年の沖縄国際大学構内への米軍ヘリ墜落事故に端を発し、

２００５年に日米双方による現場管理、その後の２０１９年7月に日本側の現場立ち入りに関するさらなる改善について、日米間で合意が行われている。
④環境については、地位協定には明文がなく、日米両政府は２０１５年9月に環境補足協定（行政取極）を結び、環境上の課題に対するさらなる対応の枠組みをつくった。

なお、政府は「運用改善」の対象となるべき、合同委員会合意や補足行政取極、その他の日米両国当局間の合意の相互関係について、十分で丁寧な説明をしてきていない。そのため、例えば、２０１５年9月28日に署名された日米地位協定の環境補足協定について、外務省が「従来の運用改善とは異なる歴史的な意義を有する」と対外的に説明した（外務省ホームページ参照）際も、なぜこれが歴史的意義を持つかについて、正しく理解した人は少なかったと思われる。

――「刑事事件」についての運用改善

地位協定第17条は、日米両国の刑事裁判権について規定している。基本的に、米軍当局は米軍法に服するすべての者に対する裁判権を有しているのに対して、日本の当局は一定の場合に裁判権を有している。また、同第17条は、両国の裁判権が競合する場合についても規定している。
これらの規定に関わる「運用改善」の詳細は別の機会に譲ることにして、沖縄県内でしばしば取り上げられる、米軍関係被疑者の身柄確保に関わる問題について若干説明する。

例えば、米軍関係者が公務外で罪を犯したようなケースは、「米国当局が被疑者の身柄を確保した際には、地位協定上日本側が被疑者を起訴するまで、米側が引き続きその身柄を拘禁すること」とされている。つまり、被疑者の拘禁の日本側への移転は、公訴が提起した後になる。

第三章で取り上げた嘉手納基地米空軍兵による婦女暴行事件の場合は、県警が現場に駆けつけたときには、容疑者はすでに嘉手納空軍米基地内に戻っており、米軍当局が身柄を確保した。1995年の少女暴行事件を契機として取られた合同委員会合意（「運用改善」）によって、県警による任意取り調べは、その都度米軍側の協力を得て、米軍側が被疑者の身柄を警察署に連れてきて行われた。取り調べ自体は円滑に進められた。

任意取り調べとその後の逮捕請求に至るまでのプロセスに、地位協定が実質的に悪影響を与えることはなかった。当時、沖縄県内で地位協定上の壁として問題とされたのは、県警による逮捕状の発出と在沖米軍による被疑者の身柄引き渡し（拘禁の移転）までに数日間かかったことである。第三章で説明したように、地元メディアは「いつ拘禁の移転が行われるか」と連日報じ、日米政府の対応ぶりに対する県民の批判が大きくなっていったことに、筆者自身もやきもきしていたことを思い起こす。

その後の2004年4月、「一定の場合に、米軍当局者が日本の当局による取り調べに同席する」ことが認められる「運用改善」措置が取られ、拘禁移転の期間は実質的に短縮されていった。

筆者は、最近の凶悪刑事犯罪事件の実態を承知していない。地位協定上の制約によって、日本の司法手続きに具体的な支障が出るような事案が発生する場合には、当然のことながら、合同委員会などの日米間の話し合いの枠組みにおいて、さらなる「運用改善」措置が取られるべきである。

――「事故」についての運用改善

米軍機墜落などの基地外事故や基地が発生源の諸々の環境問題についても、「運用改善」措置が取られてきた。

２００４年に沖縄国際大学構内に米海兵隊ヘリの墜落事故が発生した際、在沖米軍が事故現場周囲を縄張りにして、日本政府や県警の立ち入りを拒んだことがあった。当時、県内では「全国紙がきちんと報道していたならば、本土の人たちも受け入れがたい行為であると判断していたであろう」と言われていた。

沖縄県民が怒ったのは当然のことであった。端的に言って、小泉内閣の初動対応は不十分であった。やがて日米両政府は日本側立ち入りに関する指針を定めた。その後、２００８年、２０１６年、２０１７年と、海兵隊ヘリの不時着や墜落事故が発生したときの沖縄県側の反応などを考慮に入れ、２０１９年7月に合同委員会は、事故現場への迅速かつ早期の日本側の立ち入りが可能となる文言が挿入される指針の改定が行われた。

――県と政府出先機関とのやり取り

米軍関連事件・事故が生じた際の歴代県知事の対応は、「遺憾の表明」「再発の防止」「地位協定の抜本的見直し」といった抗議を基本とし、これに各知事独自の要素を加えたものである。これに対して、政府側は「遺憾の意の表明」「再発防止への努力」「『運用改善』の積み重ね」といった対応をする。地位協定運用の現場における、沖縄県と政府出先機関とのやり取りについて、筆者の若干の経験を披露したい。

翁長知事は、自著『戦う民意』において、「沖縄には現在、外務省から派遣された特命全権大使の『沖縄大使』がいます」と切り出し、米軍関連事件・事故のたびに沖縄県内自治体関係者が沖縄防衛局や沖縄大使に抗議に行くときの状況について、「沖縄防衛局も沖縄大使も何もできません。ただ、能面のようにして『この件は米軍に伝えます』という回答が返ってくるだけです」と書いている。

しかし、筆者の在勤時代には、政府と沖縄県との間は「できるだけ多くの事件・事故関連の諸情報を共有していこう」とする雰囲気があった。筆者も意見の相違を乗り越えて、県知事と直接会っていろいろと話し合っていた。県内自治体関係者から再発防止の要請を受けたとき、喜怒哀楽を表したことはあったとしても、筆者自身は能面のような表情で対応をした記憶はない。

当時は、事件・事故の発生に際して、再発防止だけでなく、必ずと言ってよいほど、地位協定の抜本的見直しについても要請を受けた。地位協定の抜本的な見直しについては、筆者が「『運用改善』

の積み重ねによって事態に対応していく」という政府の立場を述べ、それに対し、（地元側は筆者の回答ぶりを事前に予想していたと思うが）「要請を日本政府に十分伝えてほしい」として、話し合いを終えるというのが通常であったと記憶する。

『戦う民意』を読むと、翁長県政時代には、那覇においても県と政府出先機関との関係は対立的であり、米軍関係者による事件・事故の抑制のためにお互いに協力していこうとする姿勢に欠けるところが目立っていたようだ。玉城県政のもと、この対立関係の状況は変化するのであろうか。

ＮＡＴＯ（北大西洋条約機構）基地を多く抱えるドイツなどでは、米軍基地司令官と基地周辺自治体の日頃の密接な協力関係が、事件・事故の抑止や適切な再発防止につながっていると聞いている。日本についても各駐留米軍と周辺自治体の間の交流は日頃から活発ではあるが、沖縄の場合は多くの要件・事故が発生していることもあり、政府や沖縄県、米軍基地周辺自治体、在沖縄米軍間の協力関係はさらに深めるよう努力する必要がある。

地位協定の抜本的見直しを要求することとは別に、危機管理のために現場の協力関係を推進していくことは極めて重要である。沖縄県知事には、この二つの課題の重要性を踏まえた適切な対応が常に求められる。地位協定関連の民間参考書・研究書などは多数あるが（注10）、地位協定運用の現場における関係者間の協力強化を鼓舞していこうとする書は存在しない。

地位協定の抜本的見直し要求

――経緯

１９９５年9月の少女暴行事件を契機に、沖縄県民の地位協定見直し要求は高まり、同年11月、大田知事は10項目にわたる地位協定の見直しを政府に要請した。続いて、２０００年8月、稲嶺知事は県議会とともに、日米地位協定改定案を政府と在京米国大使館に提出した。２０１７年9月、翁長知事は、日米地位協定の見直しに関する要請書を政府と在京米国大使館に提出した。

大田知事の要請は、１９９６年12月に最終報告が公表されたＳＡＣＯの中でも検討された。稲嶺知事及び翁長知事の要請は、自治体の意見尊重・関与などを広く求めるものであったが、政府はこうした要求には直接的に対応せず、「運用改善」を積み重ねる方針を進めてきている。

三人の知事の根底にある考え方は、地位協定上、日本の主権が大きく制限されているため、事件・事故原因の究明と効果的な再発防止策について適切な措置が取れず、基地周辺住民の意見が反映されない状況を是正してほしいということである。翁長知事は、自著『戦う民意』の中で幾つもの具体的事例挙げて、「かつてキャラウェイ高等弁務官が『沖縄住民による自治は神話にすぎない』と言い放ったように、アメリカが『日本の独立は神話にすぎない』と宣言しているのではないかという思いにとらわれます」と感情的に反発している。

翁長知事は、政府の「運用改善」を信用せず、「地位協定の抜本的見直しが必要である」と主張したのである。玉城現知事も同じ方向を歩んでいる。

――「普通の国」ではない日本

日本国憲法第9条の解釈について、歴代政府は、①日本は独立国家であり、第9条は主権国家としての固有の自衛権を否定するものではない、②自衛権の行使を裏付ける自衛のための最小限度の実力を保持することを認めている、③外国の武力行使によって国民の生命、自由及び幸福追求の権利が根底から崩されるような事態に際しては、必要最小限度の武力行使が許容される、との基本的見解を一貫して表明してきている。

自衛権は、「個別的自衛権」と「集団的自衛権」からなる。政府は、憲法上、「日本は個別的自衛権と集団的自衛権を『保有』しているものの、自衛権を『行使』できるのは個別的自衛権である」との解釈を長年取ってきた。一方、2014年7月1日になって、政府は、閣議決定によって「特定の場

（注10）沖縄県知事公室基地対策課著「他国地位協定調査報告書（欧州編）」、琉球新報社編「外務省機密文書　日米地位協定の考え方・増補版」（高文研）、琉球新報社・地位協定取材班著「検証〔地位協定〕日米不平等の源流」（高文研）、吉田敏浩著『「日米合同委員会」の研究――謎の権力構造の正体に迫る』（創元社）、山本章子著『日米地位協定――在日米軍と「同盟」の70年』（中公新書）、山本章子著『米国と日米安保条約改定――沖縄・基地・同盟』（吉田書店）等。

合に他国に対する武力攻撃が発生し、これによって日本の存立が脅かされ、国民の生命、自由及び幸福追求の権利が根底から覆されるような事態に際しては、必要最小限度の実力行使が許容される」との新たな判断を公表した。

つまり、政府は、自衛権の行使についての従来の極めて制限的な憲法解釈から、「特定の制約をかけた上で、集団的自衛権の『行使』を認める」という、より柔軟な憲法解釈へと変えたのである(注11)。政府は、いわゆる新安保法制を成立させ、従来に比べて若干広い範囲で、安全保障上の活動に従事し得るようになった。

一方、憲法上、集団的自衛権の「完全な行使」が認められていないことから、日本は、NATOのような集団安全保障条約や二国間の攻守同盟を結ぶことができない。その意味で、日本は国際社会における「普通の国」ではない。

例えば、日米安保条約の不平等性について、長年国会を中心に議論が行われていることを思い起こしてほしい。政府は、防衛力の向上に努めるとともに、米軍の日本駐留を認め、加えて、手厚い駐留軍予算や「思いやり予算」とも呼ばれる駐留米軍経費に関する特別な予算手当など、最大限の財政的経済的な協力をしており、それらをもって「日本と米国とは対等の立場である」と説明してきている。

しかし、これは極めて苦しい説明ぶりである。既述のように、日米安保体制にはどうしても曖昧さが残る。これは、日本が第二次世界大戦に敗れた結果もたらされた、現憲法第9条による制約に端を発するものである。憲法改正をしない限り、国民は曖昧さの残る政治的現実を認めざるを得ない。

――国際常識との関係

歴代沖縄県知事は、日米安保条約の〝子供〟である地位協定の抜本的な見直しを求めている。平たく言えば、地位協定上、日本の主権行使には大きな制約があり、この制約を抜本的に緩和するように求めている。つまり、「〝親〟の日米安保条約で、自衛権の行使に制約を抱える日本であっても、〝子供〟の地位協定については、主権行使の制約を抜本的に緩和せよ」と要求しているのである。

沖縄県内では、「日米地位協定を、同じ敗戦国のドイツやイタリアが結んでいる協定並みに見直しするように」との議論がしばしば行われている（注12）。ドイツ・イタリア両国は、集団的自衛権を完全に行使し得る「普通の国」であり、他の加盟国と同等の立場でＮＡＴＯに加盟し、その上で米国軍の自国駐留を認める協定を結んでいる。日本とは事情が異なる。

「普通の国」ではない日本が、米国に対して「地位協定上の既得権を大幅に返せ」と要求するというのであれば、日本から相当大きな対価を用意する必要がある。外務省は、こうした事情を長年承知し

（注11）政府は、「集団的自衛権の『完全な行使』は憲法上、認められていない」との解釈を保持している。従って、新安保法制のもとでも、例えば日本は、ＮＡＴＯ加盟国などと同様の幅広い安全保障活動に従事することはできない。その意味で、沖縄県がよく引き合いに出すドイツやイタリアとは異なり、日本は国際社会において「普通の国」ではない。

（注12）沖縄県は毎年度、地位協定の抜本的見直しを政府に要請している。また、沖縄県のホームページには、同県がすでに実施したドイツやイタリアなど他国の地位協定調査が掲載されている。

ている。よく沖縄県で言われるように、外務省は「米側に地位協定の抜本的見直を求めることは、『パンドラの箱を開ける』に等しい」と考えている。

その背景には、米国側から、防衛予算はじめ、様々な予算措置や集団的自衛権の完全な行使に至るまで難問が寄せられるおそれがあり、また、日本国内でも中立政策や本来の自主防衛政策を求める声が高まり、収拾がつかなくなることへのおそれがある。この殻を打ち破るには、並々ならぬエネルギーと戦略が必要であり、地位協定の抜本的見直し要求を繰り返すだけでは、外務省は動かない。

玉城知事は、ＮＡＴＯ加盟諸国や米韓同盟を結んでいる韓国が結んでいる地位協定と比較し、日米地位協定の見直しを強く求めている。これに対して政府は、丁重にお聞きするとともに、「『運用の改善』で、迅速に対応することが現実的である」という従来の姿勢を繰り返している。もしも沖縄県側において、外務省が自ら進んで見直しに着手する用意はないことを十分承知した上で、地位協定の抜本的見直し要求を繰り返しているのだとすれば、策がなさすぎると言わざるを得ない。

地位協定の抜本的見直しの難しさは、１８５４年に江戸幕府が結んだ日米和親条約以降、維新後の１８６９年に明治政府が結んだ日墺条約に至るまでの間に、関係各国と結んだ修好条約などの条約に含まれていた治外法権や関税自主権の放棄などを改正させるため、明治政府が一体となって努力を重ね、やっと１９１１年になってすべての不平等条約の改正に漕ぎつけた難しさに匹敵すると言われている。

仮に将来、憲法改正について国民的議論が行われるような状況が生まれた場合、沖縄県には、地位協定の抜本的見直しの実現を図るためのキャンペーンを大々的に展開する好機が生まれるであろう。同時にそれは、日米安保条約には手をつけないままで、地位協定のみの改正を図るといった意図に反して、集団的自衛権の完全行使のための憲法改正の議論を促進する可能性もあることを十分覚悟しておく必要がある。

県民の怒り

1995年9月4日の海兵隊員三人による少女暴行事件は、その後の沖縄の米軍基地問題に対する政府の対応を大きく変えるきっかけとなった。この事件が引き金となって、それまで県民に溜まっていた反米軍基地感情の「マグマ」が急上昇し、火口から流れ出すおそれがあるような状況になり、10月21日に沖縄県民総決起大会が開催された。

この大会で、①米軍人の綱紀粛正、米軍人・軍属による犯罪根絶、②被害者に対する早急な謝罪と完全補償、③日米地位協定の早急な見直し、④基地の整理縮小促進、の4項目が決議された。このうち、地位協定の早急な見直し要求以外の3項目については、その後政府は幾つかの「運用改善」措置を取ってきた。

一方、沖縄県民は、地位協定の抜本的見直しが見通せない現状で、「『運用改善』を積み重ねるままで果たしていいのか」という疑念を持ち続けている。こうした中で、再び県民の「マグマ」が噴き出すような事件・事故が発生したとき、政府はどうするのか。大事件・大事故を待って新たな対応を取るというのでは、あまりにも非人道的で、かつ、無策にすぎる。沖縄駐留米空軍や海兵隊による落下傘降下訓練を巡って、河野太郎防衛大臣が米軍側に改善を求めた事案（注13）の例を見ても、現状を続けるだけでは不十分である。この問題は、終章で取り上げる。

（注13）２０１９年10月29日の防衛大臣記者会見。ＳＡＣＯ最終報告では「陸上パラシュート降下訓練は米軍伊江島補助飛行場に集約し、嘉手納飛行場使用は、伊江島補助飛行場が使用できない『例外的な場合』に限ることが原則」とされているところ、河野大臣は「今回の嘉手納飛行場への降下訓練は、この例外的な場合には当たらない」との認識を示した。

第五章　沖縄の歴史問題

沖縄戦没者追悼式で平和を誓う翁長知事（2018 年 6 月 23 日）
沖縄戦没者追悼式で、平和宣言を読み上げる沖縄県の翁長雄志知事<写真：時事>

第二次世界大戦後の今もなお、世界各地で戦争や戦闘、テロなどが続いている。国防体制や軍事体制、政治体制など、一国の国益の根幹に関わる安全保障政策の遂行と、個々の市民の信条や理想、幸福、平和を求める基本的人権の尊重の両立は、各国共通の微妙で複雑な政治的課題である。

日本では、8月15日に全国戦没者追悼式が行われ、また、広島や長崎、沖縄などの各地において、一般市民の生々しい悲惨な戦争体験を若い世代に語り継ぎ、子供たちに平和学習を行う努力が続けられている。

東京生まれの筆者は、空襲警報の恐ろしさを体験した一人であるが、満4歳のときのことでもあり、鮮明な記憶は残っていない。戦後の苦しい生活については身近に体験しており、義務教育課程にいたときから戦争に対する関心が大きかった。若い頃に見た映画「ひめゆりの塔」やひめゆり学徒隊の生徒たちが残した手記（注1）から得た印象は強烈で、外務省生活の終わりに近くなった頃、日米安保条約・地位協定運用の現場に立つ任務を命じられたときには大きな戸惑いを覚えた。

那覇在勤中は、沖縄について少しでも理解を深めるため、南部戦跡や慰霊塔、平和祈念館、資料館などにしばしば足を運んだ。ある経済団体から依頼された講演の機会（注2）では、ひめゆり学徒隊が過酷な環境で懸命に働いていた南風原陸軍病院第一外科壕（ごうあと）跡（注1参照）や幾つかのガマ（住民や日本兵が避難場所として使っていた自然洞窟）などの保存状況は十全といえないところがあったが、当時の悲惨な環境が思い浮かんで心が痛んだことを口にした。

大田元知事と何回か会った際には、鉄血勤皇隊隊員として沖縄戦に参加した経験を持つ人が、目の前で在沖米軍基地問題について筆者に語りかけているという状況に、何か不思議な気持ちがした。筆者のように、断片的な戦争の記憶しか持っていない本土の人間が、戦跡訪問や沖縄戦関係者との話を通じて、在沖縄米軍基地問題に何か活かすことができるか自問自答を続けたが、結局、那覇在勤中に具体的な答えを見つけることはできなかった。

いずれにせよ、沖縄の歴史認識を離れて、普天間・辺野古（へのこ）問題の本質に迫ろうとしても無理である。沖縄米軍基地問題の土台に沖縄の歴史認識問題が横たわっている。筆者は、大田元知事が生前多くの著書の中で取り上げていた「沖縄差別」問題を念頭に置いて、以下に沖縄の歴史問題を考察してみたい（注3）。

（注1）仲宗根政善編『沖縄の悲劇――ひめゆりの塔をめぐる人々の手記』（東邦書房）。なお、ひめゆり学徒が配属されていた南風原陸軍病院の「南風原」は、沖縄では「はえばる」とも「はえばら」とも読むが、同書では「はえばら」とルビが振られている。

（注2）2002年1月7日、沖縄県中小企業団体中央会主催の新春講演会

（注3）大田昌秀著『新版　醜い日本人――日本の沖縄意識』（岩波現代文庫）、大田昌秀著『沖縄、基地なき島への道標』（集英社新書）、大田昌秀著『沖縄のこころ――沖縄戦と私』（岩波新書）、大田昌秀著『こんな沖縄に誰がした――普天間移設問題――最善・最短の解決策』（同時代社）

第一節　琉球王国への特別な思い

１３７２年、明国は楊載を使節として乗せた船を琉球に派遣し、三山時代（注４）の中山王であった察度に対し、明帝国の洪武帝の権威を認めて家来として入貢するように促した。察度は、実弟の泰期を中山の公式使節に任命し、楊載の船に分乗して明に赴かせて入貢した。

半世紀後の１４２９年、琉球に統一王朝が成立した。１４７７年に琉球王朝は、冊封を求める使者を初めて明に派遣し、１４７９年には冊封使が琉球に送られてきた。

こうして琉球王国は、明国、続いて清国との間に、冊封・進貢関係を発展させ、西は中国から東南アジア諸国、東は日本へと交易関係を広げた。当初、琉球から馬や硫黄、織物などが輸出され、明国からおびただしい量の陶磁器が輸入された。琉球王国はこれらを基に、中国や東南アジアの製品を日本に売り、日本の製品を中国や東南アジアに売りさばいた。現在の沖縄県立美術館に保存されている１４５８年製作の梵鐘「万国津梁の鐘」に刻まれた「万国津梁」とは、「世界との架け橋」という意味である（注５）。

琉球王国は、平和な環境のもとで、大航海時代とも言われるほど広い範囲で交易を発展させてきたが、徳川幕府が成立して間もない頃の１６０９年に、薩摩藩に侵入され、実質的には薩摩藩を通して徳川の幕藩体制に組み込まれることになった。薩摩藩は、琉球王国の推進してきた中継貿易から生じる大きな利益を確保するため、琉球王国に形式的に独立国としての体裁を取らせて中国との冊封を継続させ、交易利益の搾取をしていった。

薩摩藩は、「琉球は独立国」という体裁を維持するために姑息な手段を取った。例えば、那覇の在番奉行所に詰めていた薩摩藩の役人たちは、中国から冊封使一行が首里城を訪れて来たときには、城外（現在の浦添市城間）に一時退去し、琉球王国が薩摩藩の支配下にあることを隠すようにしていた。中国と薩摩藩の両属政策下の琉球王朝体制は、明治初めまで続いた。

１８６８年に成立した明治政府は、中央集権化を進め、１８７１年に全国で廃藩置県を断行したが、琉球の地位についてはしばらく元の通りに留めておいた。１８７２年、明治政府は琉球王尚泰を琉球藩主として華族に列する措置を取り（廃琉置藩）、１８７９年に武力による威嚇で琉球藩を廃して沖縄県を置いた（廃藩置県）。沖縄県内では通常、これを「琉球処分」と呼んでいる。

琉球王国が、我々が理解する意味での独立国であったのは、王朝統一以後の１３０年間ほどであり、その後の２７０年間は、独立国とは相当異なり、主権が様々な形で制約された地位に置かれていたことになる（注６）。

（注４）当時の沖縄半島には、北部・中部・南部の３勢力に分かれ、それぞれ山北王、中山王、南山王と称する按司（諸侯）がいた。
琉球統一・王国成立までの詳細は、高良倉吉著『琉球王国』（岩波新書）参照。

（注５）高良倉吉著『アジアのなかの琉球王国』（吉川弘文館）

琉球の文化も特有の歴史を持っている。

琉球王国時代に、王府の庇護のもとで、中国文化と日本文化の融合した琉球文化は発展した。明治時代の沖縄置県以降の厳しい皇民化政策下でも、この伝統文化は、首里以外の地方を中心にしぶとく生き抜いた。

２０１９年は「組踊上演３００年」に当たるが、琉球王国時代の独自の言葉や音楽、舞踊、衣装でもって演じられるこの組踊は、東京においても同年2月に特別上演されるなど、琉球芸術の粋を今に伝えている。

古謡は、明治以来、伊波普猷（注7）たちによって「聖なる歌謡＝オモロ」として再発見され、統一琉球成立以前の古琉球時代の古謡を集めたものである「おもろさうし」が研究された。「おもろさうし」は、沖縄県民に「先祖帰り」（注8）を誘う古典とされ、現在でも、県内でこの難解な文章を読み解き、意義を研究する地道な努力が継続されている。

「沖縄学の父」と呼ばれる伊波普猷は、那覇の素封家に生まれ、琉球処分を恨み、反日的な空気にみなぎる環境の中で幼少期を過ごした。そののち、東京や京都の生活を経て、沖縄の成り立ち、歴史、文化、民俗などに関心を持つようになり、古い文献や民俗伝承を探求して研究を深めていった。伊波は、沖縄の人々の民族的自覚を唱えたが、政府の皇民化政策と基本的に対立する政治的な立場を取ることはしなかった。

沖縄の文化を日本の文化から枝分かれしたものとする言語学、沖縄人種論上の研究から、琉球を奴隷状態に置いたとして薩摩の侵入を非難し、「明治の琉球処分は奴隷解放である」とする伊波の見解は、伊波と同時代の人たちから「反動的・階級的観点の欠如」などと批判された（注7に同じ）。当時の沖縄では「日本の中の沖縄」という意識は薄く、伊波の学問上の業績に対する評価も、「琉球処分」に対して明治政府を非難する沖縄県内の政治状況の影響を免れ得なかった。

当時、沖縄では、伊波は「日本との同化を志向し、明治政府の沖縄政策に対して〝ぬるま湯〟的な態度を持していた者である」と言われ、学問的には一目置かれていたものの、〝啓蒙家として〟は批判されることが多かった。しかし今では、階級闘争的な史観から離れた「沖縄学」を打ち立てようとした伊波普猷を高く評価する人たちも多い。こうした伊波を巡る評価の違いは、普天間・辺野古問題を巡る歴代知事の立場を理解する上でも一つの参考になる。

また、中国と日本の両属政策のもとに置かれていた琉球王国の役人たちが育ててきた独特な抵抗術・外交術は、沖縄置県を進める明治政府を大いにてこずらせることになった。芥川賞作家の大城立裕は、1879年の置県によって、沖縄が日本の中央集権体制に組み込まれていった過程を『小説　琉球処

（注6）（注4）に記した高良倉吉著『琉球王国』（岩波新書）では、琉球王国の特徴を「幕藩体制の中の異国」であるとし、「王国体制下にあった土地は、からだ半分が近世初頭の島津侵入事件によって、残りのからだ半分が近代初頭の琉球処分によって、いずれも強制的なかたちで日本の国家体制に編成され、その結果として日本社会の一員となった地域」と捉えられている。

（注7）金城正篤・高良倉吉著『「沖縄学」の父　伊波普猷』（清水書院）

（注8）波照間永吉編『琉球の歴史と文化「おもろさうし」の世界』（角川選書）

分』と題して小説にまとめた（注9）。

この書を読んで強烈な印象を受けるのは、独特な手練手管を使って、時間稼ぎをする琉球王国の高級役人たちに明治政府が翻弄される様である。かつて日本歴史の中で、長期にわたって、公家が武家に抵抗してきた様を彷彿させるところがある。結局、琉球王国は、武力の威嚇のもと崩壊してしまうのだが、この抵抗する姿を辺野古問題反対運動に映し重ねる人もいるといわれている（注10）。

普天間・辺野古問題に対する歴代知事の対応の背景を理解するためには、各知事の琉球王国への「郷愁」の度合いを念頭に置くことにも意味があろう。歴代知事の中で、大田知事は沖縄の歴史を重視した平和主義の立場であり、また、翁長知事は沖縄アイデンティティーの確立の立場であり、それぞれ「非武装商人国家」という、琉球王国時代の沖縄の生き方に強く心を惹かれていた知事であったといえよう。

一方、保守系の稲嶺知事は、任期中に琉球王国への郷愁の念を公にしたことはなかったようであるが、心情的には琉球王国の「商人国家」としての生き方に同情的な知事であったと見られる。同じく保守系の仲井眞知事は、現実主義的立場から実務的に沖縄経済振興を中心とする県政運営を貫いた知事であり、琉球王国がアジア諸国と広く交易していたことを高く評価していたが、琉球王国へのノスタルジアは見せなかった。

玉城現知事の姿勢はよく分からないが、恐らく、翁長知事と同じであろう。

第二節　皇民化政策と沖縄

「琉球処分」と呼ばれる１８７９年の沖縄置県当初、明治政府は沖縄に対して、琉球時代の慣習を旧来通りに維持する政策を取った。これは、「沖縄の自主性を重んじる」という趣旨ではなかった。

沖縄県教育委員会著の「琉球の歴史と文化」では、沖縄置県以降沖縄戦に至るまでの県内の大きな特徴として、旧慣温存、産業・教育振興、税制の改革、民権運動、ソテツ地獄と税制などを事例として取り上げている（注11）。

「旧慣温存」とは、徳川時代の琉球における慣例を維持し、困窮した人たちを放置したことを意味する。やがて時間をかけて進められることになる日本との一体化、いわゆる皇民化の政策は、今でも沖縄県内で批判されているが、当時、日本全土で急ピッチに進められていた明治政府の新政策は、置県当初の沖縄には適用すらされなかったのである。

（注９）大城立裕著『小説　琉球処分（上・下）』（講談社文庫）

（注10）琉球の伝統文化に対する誇りと琉球王国の崩壊をもたらした武力の威嚇に対する県民の嫌悪感は、沖縄置県後の皇民化政策、沖縄戦、そして戦後の米軍基地の集中といった、近・現代の沖縄の歴史を通じて、「沖縄差別」意識の底流をつくり出す一つの背景になっていった。

（注11）沖縄県教育委員会著「沖縄の歴史と文化」（２０１４年更新版）

最後の米沢藩主であった上杉茂憲（もちのり）は、第二代沖縄県令として、1881年から1883年まで那覇に在勤した。上杉は県内を広く視察し、徳川時代の旧慣習の温存のもと困窮に喘（あえ）いでいた県民の状況の把握に努めるとともに、再三明治政府に改革意見を出した。その一つが、徳川時代の農民支配と収奪の典型である貢租を廃止し、本土と同様の租税制度に替えることであった。しかし、上杉の改革意見は無視され、志半ばで県令の座から降ろされた。新税制が沖縄県に最終的に適用されるようになったのは、上杉県令が解任されて10年も後の1903年のことであった（注12）。

また、上杉県令は、教育の重要性をよく理解し、特に初等教育の普及に努めようとしていた。県内を視察し、貧困ゆえに農家の手助けとして農作業に従事しなければならず、小学校へもなかなか通えない児童の置かれた状況を目の当たりにし、上杉は教育予算も含めて沖縄県全体の予算を是正するように政府に提言したが、これも県令としての那覇在勤中は実現されなかった。

明治維新当時、東京は「お国言葉」で埋まり、お互いの意思疎通にも苦労し、維新政府が諸改革を進める上で支障が出ていた。中央集権体制の早期確立を求めた政府は、その一環として標準語の制定を急いだ。維新後の日本で最も遅く置県された沖縄では、「ヤマト言葉」とは大きく異なる「ウチナーグチ（沖縄方言）」が広く使われていたこともあり、標準語の普及には時間がかかった。

昭和時代に入っても、沖縄県における標準語の普及は十分には進んでおらず、政府と沖縄県はウチナーグチを使った小学生に「方言札」をつけさせるという強引な措置を取るまでに至ったが、これはかえって県民の被差別意識と本土への「うらみ」を増大させることになった。また、沖縄は、戦前政府による高等教育機関が一つも設置されなかった唯一の県であったことなど（注13）、教育は全体として不十分な状況に置かれていた。

産業振興については、砂糖産業は沖縄置県後に発展し、琉球王国時代より砂糖の生産量は増加していったが、その後の第一次世界大戦後の不況によって大打撃を受けた。農民の困窮は、当時の日本の各地で見られ、東北地方などで子供の人身売買まで行われるなど、不況は深刻化していった。日本社会は不安定に陥り、5・15事件、2・26事件などを引き起こす遠因ともなった。

沖縄では、サトウキビ農家が食べ物に困ってソテツを食用にせざるを得ず、その毒で死亡者が出るなど、いわゆる「ソテツ地獄」の悲劇が生じた。貧困を脱するため、政府が進めていた移民政策に従ってハワイから北米・中南米へと移民していく県民の数も増え、移民からの海外送金は、戦前の沖縄県財政収入の40～65％を占めるまでに至った。その間、沖縄県内の産業は低迷を続けた。

また、明治政府による中央集権化と国家統一のための諸政策は、沖縄の伝統文化の維持を脅かすも

（注12）高橋義夫著『沖縄の殿様——最後の米沢藩主・上杉茂憲の県令奮闘記』（中公新書）

（注13）金城正篤・高良倉吉著『「沖縄学」の父 伊波普猷』（清水書院）では、沖縄に高等教育機関が設置されなかった事実が客観的に説明されているが、大田昌秀著「醜い日本人——日本人の沖縄意識」（沖縄現代文庫）では、この件は本土の沖縄差別の一環として怒りをこめて記述されている。

のとなった。政府は沖縄県庁とともに、ノロ（女性の祭司）やユタ（占い師）による琉球古来の信仰やニライカナイ（「楽土」の意）といった民衆の信仰、その他の伝統文化を「野蛮なもの」として排斥した。「おもろさうし」を解読して、古来の沖縄の世界を辿る（たど）ことなどには関心も示さなかった。

前述の伊波普猷は、日琉文化の同系を唱えた一人として沖縄県内では著名な学者であるが、そもそも日琉同祖論の客観性を学問的に証明しようとした最初の学者は、日本人ではなく、バジル・ホール・チェンバレンという英国の言語学者である。こうしたことから見ても、日本全体として、沖縄の伝統文化に対する関心は薄かったといえよう。

冊封時代から中国との関係を強め、琉球処分の際には清に助けを求めようとした琉球王国の動きを苦々しく思っていた明治政府は、置県当初から沖縄と日本の一体化策を強力に進めていった。政府当局は県とともに、短期間に沖縄への伝統的日本文化の浸透を図ろうとしたが、同時にこれは多くの沖縄の人たちを敵に回す結果を生み出した。

明治政府が「坊主憎けりゃ袈裟（けさ）まで憎い」の類で、沖縄の文化抑圧を進めたのかどうかについては筆者はよく承知しないが、文化の抑圧が軍事的抑圧と同等、あるいはそれ以上に、文化の担い手側に恨みの感情を長期間にわたって残す結果を生むことは、世界に多くの類例がある。戦前の政府の沖縄対策は、全体として沖縄県民の自主性をないがしろにするものであったが、特に沖縄文化の抑圧は、県民の間に沖縄差別意識を長く続かせる大きな要因となった。

第三節　沖縄戦

第二次世界大戦中、アジア太平洋の広範な地域で激戦が行われ、一般住民も戦闘に巻き込まれていき、戦況の悪化とともに日本周辺での犠牲者が増大していった。連合軍によるサイパン島・沖縄・旧満州などにおける地上戦、本土各地への空襲、広島・長崎に対する原爆投下、8月15日以後に始まったソ連軍による千島列島などへの侵攻などなどによって、多くの日本の一般住民が命を落とした。アジア太平洋戦争で亡くなった日本人の数は260万人余で、そのうち民間人の犠牲者は50万人余といわれている。

沖縄については、「鉄の暴風」と呼ばれる大爆撃のもとでの激しい戦闘の結果、緑豊かな島々は焦土と化し、日本側死者・行方不明者約20万人のうち、沖縄県民が約半数を占めるという大きな犠牲が生じた。沖縄戦の末期には、沖縄侵攻作戦の米軍最高司令官サイモン・バックナー陸軍中将も戦死するなど、米軍側も2万人余の戦死者を記録した。

沖縄県は、旧日本軍将兵や一般人の証言、戦場の写真など、沖縄戦に関する様々な資料を公表してきている。最近では、2017年に沖縄県教育委員会による『沖縄県史　各論6 沖縄戦』が刊行された。その中には、本土でもよく知られているひめゆり学徒隊や鉄血勤皇隊を含む、沖縄戦に動員された21

校の学徒隊の資料も入っている。資料以外にも、沖縄には、学徒隊の慰霊碑、平和祈念館、戦跡、摩文仁の丘の平和の礎などなど、沖縄戦を思い起こさせる場所が数多く存在する。

また、最近では、長い間あまり知らされていなかった護郷隊（少年兵）に関する本（注14）が民間で出版されるなど、沖縄戦に関する資料・書籍は公的部門にとどまらず、私的部門においても多数公表されている。また、大本営の作戦上の問題から始まって、学童や高齢者の疎開措置の遅れ、対馬丸（学童疎開中にアメリカ軍の潜水艦の攻撃により沈没した貨物船）などの悲劇、住民の安全確保に対する意識の欠如、少年・未成年・高齢者の動員などのもたらした総力戦の悲劇、南部戦線における様々な悲惨な出来事などについて、多方面からの研究や調査研究が行われている。

沖縄戦の諸様相のうち、長年筆者の頭を悩ましているのは、「住民の集団自決」をどのように捉えるべきかである。

住民の集団自決という想像を絶する事件は、なぜサイパン島、沖縄及び旧満州地域において集中的に生じたのであろうか。これら三地域において集団自決が起きた主な原因は、一般住民が軍とともに激しい戦闘に巻き込まれた地域だったためであろうか。

２０２０年は沖縄戦後75年に当たり、改めて生存者の証言が地元メディアで頻繁に取り上げられているが、同じ沖縄の中でも、住民の避難していた個々のガマ（自然洞窟）によって、集団自決が起きたところと起きなかったところがあるのはなぜか（例えば、読谷村のチビチビリガマに逃げ込んで集団自決をした住民と、米国からの帰国住民二人を含むシムクガマに逃れて集団自決をしなかった住民の運命の違い）、どうしても理解できない。どこまで戦前の皇国史観・教育が日常の住民心理に影響を与えていたのだろうか。軍の住民に対する「米英鬼畜」といった情報宣伝の直接的な影響なのだろうか。武家の台頭以来、日本の歴史に頻繁に現れてきた人命の軽視、個人よりも主君や大義を優先する、といった伝統文化による影響は大きかったのだろうか（例えば、武士は自決を尊び、家族もそれに従って自死する事例も多かったことなど）などなど、疑問が尽きない。

沖縄の集団自決が軍の強制によるものであったか否かを巡って、いわゆる教科書問題が起こり、裁判でも取り上げられた。直接の関係者のみならず、親族その他多くの人たちにとって口に上らせることすらできない苦悩をもたらした集団自決のことを記憶している人たちの数も、年ごとに少なくなってきている。国民の支持する日本の安全保障政策を維持・発展させていくためにも、住民の集団自決という悲劇的史実から学ぶべきことは多い。

少女暴行事件当時の大田昌秀沖縄県知事は、「沖縄戦にまつわるすべてが、いかに沖縄の人びとに回復不能の傷痕を残しているかを、よく理解することなしには〝沖縄〟はとうてい理解しようがない」

（注14）川満彰著『陸軍中野学校と沖縄戦——知られざる少年兵「護郷隊」』（吉川弘文館）、三上智恵著『証言 沖縄スパイ戦史』（集英社新書）

（注15）という言葉を残している。今に生きる私たちが、沖縄戦の歴史を振り返り、そこから将来への教訓を得ようとするならば、住民の受けた傷痕にとどまらず、幅広く事実関係を辿り、全体像を把握することが重要になる。

例えば、軍事上の観点からすれば、そもそも沖縄には多くの旧軍施設が存在せず、太平洋地域での連合軍の侵攻が速まる中で、守備軍を増強して急ごしらえで基地建設を進めたこと、そのような状況下で疎開などの住民対策が旧軍と沖縄県の連携が悪くて後手に廻ったこと、住民たち自身も故郷を離れることに抵抗していたことなどが重なって、結果として一般住民の受けた被害が多くなったことなどについて、サイパン島や旧満州地域の事例とも比較しつつ、将来のために具体的な教訓を得ようとする努力が重要である。

旧軍関係者についても、沖縄戦最中の6月6日に海軍次官宛に「沖縄県民のかく戦へり。県民に対し後世特別ご高配を賜らんことを」と結んだ電文を出し、同13日に自決した大田實海軍沖縄根拠地帯司令官（注16）や、指揮下の各部隊に「諸氏よ、生きて虜囚の辱めを受けることなく、悠久の大義に生くべし」との最後の命令を出し、同18日に自決した牛島満沖縄守備軍（第32軍）司令官（注17）、壕の中に逃げ込んだ住民を追い出した旧軍兵士たちや反対に逃げ惑う住民のために力を尽くした兵士たちというような、個々の旧軍人たちに対する評価の仕方など、全体像の把握と包括的な評価が引き続き重要となろう。

また、島田叡（あきら）県知事や荒井退造県警察部長といった、個々の沖縄県幹部の行動に対する評価や、沖縄戦の前の沖縄県と政府との関係、沖縄戦中の県と沖縄守備軍との関係などなど、当時の地方行政全般についての研究から教訓を得ていくことも重要となる。

このように、沖縄戦について語るべきことは極めて多い。それらの研究は専門家に委ね、本書では、沖縄戦を「琉球処分」や戦後の沖縄の歴史的体験を縦で結びつける糸として捉え、沖縄の人たちの持つ強い平和祈念と憲法第９条保持の気持ちを念頭に置いて、以下に米軍占領以降の沖縄の歴史的体験をごく短く振り返る。

（注15）人田昌秀著『沖縄のこころ――沖縄戦と私』（岩波新書）

（注16）筆者が１９７８年より１９８１年までニュージーランドのウエリントンにある日本大使館に勤務していた頃、オーモンドソン昭子さんという、ニュージーランド人と結婚していた日本の女性が現地採用の職員として働いていた。同氏は大田元海軍中将の末の令嬢であり、当時の海上自衛隊の関係者が訓練等でウエリントンに出張してきた際には、同氏へ挨拶するために必ず日本大使館へ訪問してきたことを思い起こす。

（注17）牛島司令官は、武人として米軍からも恐れられるとともに尊敬もされていたが、この最後の命令によって、結果として、８月15日まで指揮下の多くの兵士たちや沖縄の住民たちに多くの犠牲をもたらしたことは、重く受け止める必要のある史実である（例えば、ひめゆり学徒隊の犠牲者の数も、牛島司令官が自決した６月18日の学徒隊解散命令以降の方が、それ以前より多かった）。

第四節　沖縄の日本復帰

当時の国際情勢

サンフランシスコ平和条約締結以降、沖縄返還までの期間における、沖縄に関連する国内外の大きな動きについて、筆者が気づいたままに時系列的に並べてみると、表5－1のようになる。

これらの流れを垣間見るだけで、日本全体が激動の時代をくぐり抜けてきたことがよく分かる。日本の安全保障体制も、国際情勢の急変という荒波に翻弄され、やっと佐藤政権のもとで日米安保体制は落ち着きと定着を示す方向に向かっていった。そして、１９７２年に沖縄返還協定が締結されるに至った。沖縄復帰を可能にさせた大きな要因の一つは、国際情勢の落ち着きであった。

復帰運動

戦争直後の沖縄では、日本復帰論と沖縄独立論が対峙（たいじ）していた。サンフランシスコ平和条約の調印が現実化していく中、沖縄では復帰論が活発になり、関係団体による復帰署名運動が行われた。この署名は、１９５１年８月末にサンフランシスコ平和会議に出席する吉田茂総理大臣に送付されたが、

9月8日に調印された講和条約では沖縄の日本復帰は実現せず、沖縄はその後長く米国政府の施政権のもとに置かれた。1952年4月1日の琉球政府発足後、沖縄の民間団体による復帰運動はそれまで以上に活発化し、平和と民主主義に基づく沖縄の未来像を打ち出して活動を展開した（注18）。

表5－1　沖縄に関連する国内外の大きな動き

年	事項
1953	奄美群島の日本復帰
1954	ビキニ環礁で水爆実験
1955	アジア・アフリカ会議（バンドン会議）、ワルシャワ条約機構の成立
1956	米海兵隊の本土から沖縄への移駐、ハンガリー事件、日ソ共同宣言、日本の国連加盟
1957	ソ連、世界初の人工衛星打ち上げ
1958	米軍、中距離弾道弾（IRBM）の沖縄持ち込み、懸案の米軍用地問題妥結、沖縄通貨、B円から米ドルへ
1959	安保闘争
1960	日米安保条約の改定と現行安保条約の調印、安保闘争激化、沖縄祖国復帰協議会結成、アイゼンハウワー米大統領来沖（反アイクデモ）、日米新安保条約の発効
1961	キューバ危機
1963	米英ソ部分的核実験停止条約締結、ケネディ米大統領暗殺
1964	トンキン湾事件、東京オリンピック開催、中国初の原爆実験
1965	米空軍嘉手納基地から出撃のB-52爆撃機が北ベトナムの空爆開始、佐藤総理大臣が戦後初めての総理として沖縄訪問
1966	中国文化大革命始まる、自衛隊初来沖
1967	ASEAN（5か国）の成立、佐藤・ジョンソン首脳会談、第3次中東戦争勃発
1968	核拡散防止条約調印、小笠原諸島の日本復帰、初の琉球政府主席公選実施
1969	米軍知花弾薬庫内で毒ガス放出事故発生、アポロ11号の月面着陸、佐藤・ニクソン共同声明で72年の沖縄返還に合意
1970	復帰に先立ち沖縄で初の国政選挙実施、コザ暴動の発生
1971	ニクソン米大統領の訪中宣言、沖縄返還協定の調印、ドル・ショック、中国の国連復帰

琉球政府は、米国の施政権下で、経済の復興と発展に向けて様々な努力を重ねることになった。米軍による土地の強制収用や米軍基地建設が加速化する中で、軍用地料の適正補償問題、県産品の愛用運動による自給率の向上と輸出促進を含む経済振興策の策定、各種インフラ整備に対する日本政府の援助の増大などなどに取り組んだ。１９５０年代後半から１９６０年代にかけて、沖縄経済は米軍基地関連の受け取りを含めて大きく発展を見せた。

「１９６０年代初めから後半にかけては、沖縄の名目成長率は、本土の名目経済成長率に比べてみても遜色のない結果を出した」との評価がある（注19）。一方、第二章の注３に記した琉球銀行調査部編『戦後沖縄経済史』（琉球銀行）は、「この間の沖縄経済の発展は米国の軍事優先の結果であり、沖縄経済に多くのひずみを残した」としている。

その間、サンフランシスコ平和条約後の米国の軍事戦略の見直しを受け、本土にあった米海兵隊の沖縄移駐が実施され、１９６０年代のベトナム戦争への米国の本格的介入といった、日本を取り巻く国際情勢の緊迫化の中で、沖縄の米軍基地の機能が高められていった。

１９６４年11月、沖縄施政権返還を重要課題に掲げた佐藤栄作氏の総理大臣就任後、本土と沖縄の関係は密になり、返還運動は活発になっていった。１９６７年11月の佐藤・ジョンソン共同声明で「両３年内」に返還時期を合意することが明記された。１９６８年には、初めて琉球政府主席の公選制が実施され、屋良朝苗（やらちょうびょう）氏が当選した。そして、１９６９年11月21日、ワシントンで佐藤・ニクソン首脳会談が行われ、「72年・核抜き・本土並み」の沖縄返還が共同声明で発表された。

複雑な受け止め

沖縄返還協定は、1971年6月17日に日米両国政府で調印された。同年10月16日に招集された臨時国会は「沖縄国会」と呼ばれ、返還協定の批准を巡って与野党間で激しい論戦が行われた。屋良朝苗琉球主席は、米軍基地撤去と沖縄の即時無条件返還を求めたが、国会審議の対象にはならなかった。同臨時国会は、同年12月22日に参議院本会議の返還協定の承認をもって終了し、翌1972年5月15日に返還協定は発効した。

1971年6月の政府主催の調印式に招待された屋良主席は、県内政局との関係で出席を辞退し、代理人を調印式に派遣した。翌1972年5月15日には、東京の日本武道館において政府主催の沖縄復帰記念式典が、同日同時刻那覇の那覇市民会館において沖縄県主催の沖縄復帰記念式典が行われ、二つの会場の模様はテレビで中継された。屋良氏は那覇の式典に出席した（屋良氏は同年6月25日に、沖縄で初めて行われた県知事選で当選し、初代沖縄県知事に就任）。

沖縄返還は、政府にとって難しい対米交渉を経て成し遂げた大きな成果であった。日本政府の長と

（注18）櫻澤誠著『沖縄現代史――米国統治、本土復帰から「オール沖縄」まで』（中公新書）
（注19）篠原章監修『報道されない沖縄基地問題の真実（別冊宝島1435）』（宝島社）

してリーダーシップを発揮した政治家の佐藤栄作総理大臣にとっても、国民の大多数にとっても、沖縄の祖国復帰は快挙であり、沖縄復帰式典は国家的慶事であった。東京の沖縄復帰記念式典において、佐藤総理大臣は「戦争によって失われた領土を平和のうちに外交交渉で回復したことは、史上まれなことであり、私はこれを可能にした日米友好の絆の強さを痛感した」と述べた。現時点で考えてみても、総理大臣挨拶にある戦後外交のこの分析は正しいものであった。

一方、沖縄の人たちの受け止め方は複雑であった。那覇の記念式典に出席した屋良主席は、「復帰の内容を見ますと、必ずしも私どもの切なる願望が受け入れられたとはいえない」とし、「私どもにとって、これからもなお厳しさは続き、新しい困難に直面するかもしれない」と述べた。

屋良主席のこの発言には伏線があった。もともと教員出身で、長らく沖縄教職員会長を務めた経緯のある屋良氏は、１９６８年11月11日に沖縄で初めて実施された主席公選で、保守系候補を破って当選した革新系の沖縄政治家であった。沖縄戦直後から紆余曲折を経てきた沖縄復帰運動の中心団体は、屋良氏も長らく深く関与していた沖縄復帰協議会（復帰協）であった。

復帰協は、日米両政府間で沖縄復帰について話し合いが行われていくのを横目で見つつ、運動方針を米軍基地「反対」から米軍基地「撤去」へと強めていった。１９６８年に屋良氏が琉球政府主席に就任した後、復帰協と同氏との間の路線対立が表面化していった。返還が近づくにつれ、屋良主席は、米軍基地問題についても、現実主義的な対応を示すようになり、両者の間の軋轢は避けられなくなったのである。

沖縄復帰記念祝典における屋良氏の前述の発言には、本土復帰を喜ぶ気持ちと並んで、「72年・核抜き・本土並み」を明記した1969年11月の佐藤・ニクソン共同声明によっても、「本土並みの米軍基地」という県民の強い願望が実現されないことに対する苦悩がよく表れていた。

第五節　日本国憲法と沖縄

平和主義の原体験

1945年8月15日の敗戦によって、日本国民は「悲惨な戦争は二度と起こしたくない」「起こして貰(もら)いたくない」「起こさせない」といった気持ちを強く持った。GHQが示した憲法草案の趣旨を積極的に受け入れ、政府の提出した第9条を含む現憲法を国会が成立させたことを広く国民が歓迎したのは、こうした率直な気持ちが出たからである。

毎年8月15日に行われる政府主催全国戦没者追悼式と並び、6月23日の沖縄県主催沖縄全戦没者追悼式、8月6日の広島市主催広島平和記念式典、8月9日の長崎市主催長崎原爆犠牲者慰霊平和祈念式典は、国民が広く先の大戦における戦没者・犠牲者を追悼し、平和を祈念する重要な行事である。

ＮＨＫや民放では、毎年夏になると、第二次世界大戦に関するドキュメンタリー・フィルムや新たな創作番組が放映される。特に２０１８年は、平成最後の夏ということもあってか、例年以上に多くの戦争関連番組が放映された。国威高揚のための軍部の宣伝工作、「国のために」「天皇のために」と黙々と戦地に向かった将兵たち、戦闘よりも餓死や病死といった悲惨な死に方をした兵士たち、捕虜になったヒョロヒョロの兵士たちに比べて異様な太り方の将軍たち、「バターン死の行進」（日本軍がフィリピン攻略の際、バターン半島で捕虜を長距離歩かせて大勢の死者を出した事件）、サイパンや沖縄の住民たちを襲った悲劇、特攻隊員たちの出撃前の不思議な笑顔、広島・長崎の原爆、東京空襲、敗戦の日の宮城前広場、マッカーサーの厚木基地到着、天皇とマッカーサーとの初めての会見時の写真などなどが放映された。

これらは、見る人たちに様々な思いを起こさせ、中でも、なぜ戦前の日本は国策を誤り、二度と取り返しのつかないような戦争をしてしまったのか、なぜ臥薪嘗胆（がしんしょうたん）を忘れて自衛のためと思い込み、科学的・実証的判断をないがしろにして戦争に突入したのかについて、思いを深くさせるものであった。

ＴＶで残虐に満ちたシーンの映像を見ると、戦争を繰り返すことの恐ろしさや愚かさが胸に迫ってくるのは、世界各国の一般庶民に共通することであろう。

２０１８年12月29日にＮＨＫは、アメリカの雑誌『Ｌｉｆｅ』の所属カメラマンであるユージン・スミスが、タラワやサイパン、沖縄において撮影した私蔵の写真をまとめたドキュメンタリー番組を放映した。スミスは、沖縄の伊江島で戦死した著名な従軍記者アーニー・パイルほど日本では知られていないが、沖縄戦開始直後から建設が急ピッチで進められた日本人収容所内部の生活を映した写真と並んで、戦時中米軍情報部から発表を許されなかった日米両国兵士の遺体を数々写した写真は、静止画像ということもあってかえって、戦争の悲劇・残虐性を強く訴えるものだった。

これらの映像を通して、沖縄米軍基地問題を巡って沖縄県民が強く示す平和志向が、数か月にわたる地上戦による故郷の破壊、多数の住民の犠牲、占領中の私有地の強制収用などなどの沖縄戦の原体験から来るものであることは、よく理解し得るところである（注20）。

同時に我々が思い起こすべきは、戦争が終わっても、日本の内外を取り巻いていた現実は極めて厳しく、平和や正義を口にするだけでは、国の安全保障を維持することができなかったことである。政治を委ねられた人たちは、米ソ冷戦といった極めて厳しい国際情勢が続く中で、復興のための様々な施策の実施を優先的に取り組まざるを得なかった。当時の政府にとっては、中長期的な見通しをもって、妥当な政策を実施しているかどうかを検証する時間的余裕など全くなく、多くの場合、ＧＨＱの指令をできるだけ迅速に執行することに努力を傾注せざるを得なかった。

政府の要路や官僚たちは、山積みする極めて実務的な日々の課題を処理するだけで手いっぱいであった。占領下の日本政府で総理大臣だった吉田茂は、全面講和や非武装中立ではなく、サンフランシスコ平和条約によって国際社会に復帰する以外に選択肢を持っていなかった。その後の国際情勢の

（注20）大田昌秀著『新版　醜い日本人――日本の沖縄意識』（岩波現代文庫）

変化や国民の努力もあって、結果としてこの選択は、日本に平和の維持と経済発展をもたらすことになった。主体的な選択とは言い難いものであったとしても、政治的にはこれは正しい選択であった。

一般的に言えば、好むと好まざるとに関わらず、平和を希求する一般庶民の素朴な願いと政府の取る安全保障政策・国防政策との間には、大きなギャップが生じ得る。これは、理想と厳しい現実との折り合いを付ける難しさという世界共通の課題であって、近代の歴史上、このギャップを埋めることのできた国は、特に大国の間ではどこにも存在しない。

また、民主主義の現状は、先進国と言われる欧米諸国を含めて相対的なものであり、理想的な民主主義を達成した国はどこにも存在しない。敗戦から間もなく75年目を迎える今日の日本は、高度の民主主義的な政体を有する国として、世界のどの国と比べてみても遜色がない国になっている。ただし、民主主義についていては、その高度化を不断に目指さなければ、再び劣化を招くおそれがあることを忘れてはならない。

民主主義のもとでは、個人と権力を持つ当局との間で、しばしば利害の異なる状況が発生する。特に国家安全保障政策はその典型であって、平和主義・民主主義の意義が問われた幾つもの例が存在する。政府は、市民運動の形で示される庶民側からの要求に対して、「ノー」と言わざるを得ないことがある。これは、ある意味では当然のことである。

一方、政府は、庶民側の要望が受け入れ難い場合、その理由を十分に説明することが求められる。

そして、この十分な説明こそが民主主義の第一歩とみなされる。個人やその集団の利害と国の利害が衝突する場合には、国政レベルであれ、地方公共団体レベルであれ、政治家がそのギャップを埋める努力をしなければならない。権力を握った側の政治家が、政府の攻撃を重視するあまり、市民の声を軽んじることも、野党の側の政治家が市民運動の声をただ政府与党に突きつけることも、今の日本の民主主義のレベルには合わない。適切なプロセスを通じた利害の調整、これが日本における民主主義政治の本筋である。

異論を持つ人もいるだろうが、平和を希求している点では、今の日本政府は一般庶民と変わるところがない。日本国憲法のもと、歴代政府は、自国の防衛力の整備と日米安保体制という二本の柱によって、言い換えれば、「諸刃の刃」にもなり得る実力を戦争抑制のために保有するという選択肢によって、日本の平和を維持してきた。これは、正当に評価されるべきである。

アジア太平洋戦争の総括

アジア太平洋戦争については、戦争直後から国内で様々な認識が表明されてきた。大戦に突入した日本の責任を一部の政治家や軍部に押し付け、敗戦になった途端に平和主義者や戦争の被害者の立場を強調する人たちの中には、「日本は、米国などの罠(わな)にはまって、やむを得ず自衛戦に突入していった」ことを強調する人たちまでいた。

また、戦争は「悪」であると信じ込んで軍部の横暴を暴いて「国民はすべて犠牲者である」と主張する人から、「戦争は、国家間の国益の衝突が原因であり、戦争を善悪の観点から判断するのは誤りである」とする人までいた。さらに、犠牲者としての立場を強調する人から、「加害者の立場を反省すべし」とする人まで、単なる理想論・観念論を繰り返す人から、夢や希望の入り込む余地の乏しい現実の可能性を追求する人まで、実に様々な見解が表明されてきた。

その中には、冷静な歴史分析というよりも、感情的な発言やレッテル貼りの議論も多くあった。アジア太平洋戦争については、今でも民間有識者の間で大きく異なる歴史認識が存続している。このこと自体は何も不思議なことではない。基本的人権が高度に守られている日本において、国民が自由に意見を述べ合うことは重要だ。一方、あまりにも未整理の乱暴な意見、極端な認識、史実に即しない見解が流布することは好ましくない。引き続き、学者や歴史家、政治経済社会評論家など、学界や言論界の専門家による議論・研究の進展に期待したい。

先の大戦に対する政府の歴史認識については、そもそも政府が公的認識を定めること自体に異論を持つ人たちがいる。また、日本では国定教科書制度は取っていない。国会の議論を見ても、政府側から、過去の出来事について「専門家の判断に委ねる」とする発言がよく行われる。一方、日本が内外に大きな惨劇をもたらしたアジア太平洋戦争について、政府が全く公的認識を示さないではすまされない。毎年の政府主催全国戦没者追悼式では、総理大臣は過去の日本が辿った道を振り返りつつ、国の内外の戦争犠牲者に対する追悼の念を表してきている。1995年8月15日の戦後50周年の終戦記念日には、閣議決定によって村山総理大臣の談話が出された。先の大戦に対する政府の歴史認識を示す村山談話に対して、「受け身の対応である」とか、「戦争責任について曖昧な姿勢である」とか、幾つもの批判する向きもあった。政府が先の大戦に対する歴史認識を明らかにしようとする際には、常に大きな困難が伴うが、それを乗り越えて公表した政治的意義は大きい。

政府の歴史認識に関わる問題は、極めて難しく複雑であって、本書において軽々しく意見を述べるようなテーマではない。

だが、「わが国は、遠くない過去の一時期、国策を誤り、戦争への道を歩んで国民を存亡の危機に陥れ、植民地支配と侵略によって、多くの国々、とりわけアジア諸国の人々に対して、多大の損害と苦痛を与えました」という村山談話の段落で言及されている「国策の誤り」については、以下のような側面を指摘しておきたい。

「国策を誤った」直接の責任は、戦前の日本政府・軍部にあるが、アジア太平洋戦争開戦の責任の所在を辿って関連資料をひも解くにつれ、日本の政治体制の曖昧さが浮かび上がり、最終的に責任を負うべき個人や団体の特定が極めて難しくなってくる。しかし、「責任者を特定し難い『曖昧』な日本の社会構造こそ反省すべき日本の課題である」と言って、物事をすますわけにはいかない。

東京国際裁判は、その解明のための第一歩としての役割を持っている。その一方、「早期結審を導くために強引な解釈が行われ、また、公平性や客観性、包括性に欠けていた」とする批判も根強い。歴史家や政治学者、経済学者など、日本の近代史に携わる専門家による分析の積み重ねが引き続き重要である。

「国策の誤り」の根本は、道徳的な観念からの誤りというよりも、敗戦という結果をもたらすおそれのあった戦争を始めたことの誤りにある。なぜ当時の日本は、日清戦争直後に「三国干渉」に遭った明治政府が臥薪嘗胆の選択肢を取った歴史を顧みなかったのか、なぜナチスドイツによる短期間の勝ち戦に目がくらんで「バスに乗り遅れるな」論に乗ってしまったのか、なぜ米国からの挑発に乗ってしまったのかなどなど、悔やんでも悔やみきれない選択をしてしまった原因を探る努力を積み重ねる必要がある。

「国策の誤り」をおかした背景の一つとして、個々人が、あるいは個々の集団が、「政治テロに遭うかもしれない」「殺されるかもしれない」「抹殺されるかもしれない」といった、有形・無形の恐怖感が日本社会にはびこることを許してしまったことがあるが、その原因追究も重要である。

第六節　構造的沖縄差別論

大田氏は、自著『新版　醜い日本人――日本の沖縄意識』の中で、多くの事例や持論を展開して、日本政府による沖縄への制度的差別を「告発」している。同氏は、次のような沖縄差別の事例を取り上げた。

①戦前から戦後にかけて、政府は大学や高等学校、専門学校を設置せず、沖縄の教育を放棄した。

②戦前の方言撲滅運動は、当時の朝鮮や台湾で行われた皇民化運動と同じく、植民地政策の一例であった。

③沖縄戦の末期住民の少なからぬ人たちが「スパイ」の汚名を着せられて惨殺され、また、何百人もの婦女子が作戦の邪魔を理由に自決を強いられた。

④占領軍は、沖縄差別を利用し、「被圧迫民族の沖縄人」を日本政府の圧政から「開放した」と公言した。

⑤1952年4月28日、サンフランシスコ平和条約締結によって、本土の独立と引き換えに沖縄はアメリカに売り渡され、沖縄の人々は同日を「屈辱の日」と名付けている。

⑥戦争でいっさいを失った沖縄は、サンフランシスコ平和条約締結後も、米国施政権下で多くの基地負担を強いられてきた。

また、大田氏は、普天間返還が初めて言及された１９９６年の日米首脳会談以降しばらく続いた県知事時代の言動ぶりとは相当異なり、２０１０年11月刊行した自著『こんな沖縄に誰がした――普天間移設問題―最善・最短の解決策』の中で、「普天間飛行場の代替施設を県内に新設する政府の決定は、沖縄住民の頭越しに行われたもの」だとして、「沖縄の住民が長年にわたって反対し続けているのを承知で、政府が沖縄だけに基地を押し付けて平然としているのは、明らかに沖縄に対する差別である」と書いた。

大田知事の後、「沖縄差別を構造的なものである」として大きく取り上げた沖縄県知事は、翁長知事である。米軍基地が沖縄に集中していること自体が構造的沖縄差別であるとし、また、「辺野古新基地」は沖縄県民の米軍基地負担をさらに増大させるものであるとして、建設阻止の政治的運動を進めた。普天間飛行場の返還と辺野古移設が県民の負担を増大させることになるかについては、現時点では検証が必要な段階にとどまっている（第六章参照）。

沖縄が「琉球処分」以来、本土から様々な差別を受けてきたことは事実であるとしても、戦後に新憲法が採択されて沖縄が日本に復帰し、沖縄が沖縄県として日本と一体になって着々と発展してきた過程で、沖縄に構造的・制度的差別というものが新たに構築され、強化されてきたのであろうか。この問題については、実証と学問的な研究が必要である。

沖縄に構造的・制度的な差別が存在するかどうかについては、最終的には、司法に判断を求めるしかない。沖縄県内では、例えば、嘉手納空軍基地騒音訴訟を通じて、憲法違反か否かの判断を司法に求めるケースがあるが、沖縄の構造的差別の存在を憲法違反であるとして争うものではない。「制度的・構造的沖縄差別論」は、翁長知事が現職時代に政治的に取り上げたことがあるが、それ以外には、言論界や報道機関などにおいて取り上げられるにとどまっている。当面は、学問的な検証や研究の結果が出てくるのを待つ必要がある。

第七節　沖縄の未来志向

「沖縄イニシアティブ」とは？

「沖縄の未来」について、歴代知事はこれまでにいろいろな構想を示してきた。

筆者が外務省沖縄事務所で勤務し始めた頃、琉球大学の大城常夫・高良倉吉・真栄城守定の三教授が共同執筆した『沖縄イニシアティブ――沖縄発・知的戦略』が沖縄の各方面から批判を受けていた。事務所にその小冊子があったので、筆者は早速目を通した（注21）。

その中で、三教授が「歴史問題」を取り上げているところを、筆者の責任でその主要論点を次に紹介する。

①1429年の「琉球王国」の樹立と1879年の「沖縄県設置」による日本領土としての正式確定という経過において、沖縄の人たちに二つの認識がもたらされた。即ち、沖縄は日本本土とは異なる前近代国家を形成し、アジア世界の一員として活動した伝統を持っているとの認識、及び、沖縄は古い時代から日本の一員だったのではなく、段階的な編入過程を通じて最も遅れて日本の一員になったとの認識の二つである。

②沖縄は日本とは異なる特異な文化を育んだ。即ち、自分たちをウチナーンチュとし、彼らをヤマトゥンチュとして一線を画す意識、及び、文化伝統に誇りを持ち熱心に継承すべきとする意識である。これが代表的な意識であるが、同時に、古い日本文化から出発して、沖縄文化と日本本土の文化の二つに変化したとの認識もある。

③沖縄文化は、ヤマトゥンチュから「遅れたもの」と見なされ、「差別」されることも多かった。

④沖縄戦は、沖縄の人々にとって拭いがたい歴史的体験となった。地獄のような戦場体験により、住民の間には戦争を憎んで平和を求める意識が根強い。

⑤米軍の圧倒的な力のもとで、住民意思が問われることがないまま、沖縄は「基地の島」に大きく変貌した。

⑥沖縄の人たちの大多数は、「沖縄をアメリカに売り渡した」日本に絶望したのではなく、日本への

復帰を希望して復帰運動を進めた。１９７２年に沖縄は日本に復帰して、再び47番目の県となった。

⑦復帰後も「基地の島」沖縄は解消されていない。多くの住民は、「相変わらず公平に扱われていない」との不満を持っている。

三教授は、以上の「7点の『歴史問題』は、それぞれ重なってカクテルされる形で沖縄の『地域感情』を警醒しているとする一方、『歴史』に対して過度の説明責任を求める論理とは一線を画す」としている。その上で、「『歴史』及び未来にどう向かい合うべきか」と問いかけ、次の認識を強調した。

①「歴史問題」を基盤とする「地域感情」を、アジア太平洋地域や世界のために、どう普遍化させるかについて自覚を強く持つことが必要である。その上で、「普遍的な言葉」で語る努力が必要である。

②沖縄の基地問題を論じる場合には、日米同盟をどのように捉えるかについての態度表明が最初の分岐点になるとした上で、安全保障分野で沖縄は日本の中で最も貢献度の高い地域との認識を（三教授は）共有している。

（注21）大城常夫・高良倉吉・真栄城守定著『沖縄イニシアティブ――沖縄発・知的戦略』（おきなわ文庫）。筆者が事務所で目を通した小冊子は、同書第Ⅰ部に掲載されている「沖縄イニシアティブ」（討議用草稿）のことである。これは　日本国際交流センター主催「アジア太平洋アジェンダプロジェクト・沖縄フォーラム」に、三教授が提出した「『沖縄イニシアティブ』のために――アジア太平洋地域の中で沖縄が果たすべき可能性について」と題する討議用草稿である。

③国連憲章の認識を支持し、国連を介するぎりぎりの選択肢として軍事力の行使は必要であって、「絶対的平和論者」とは意見を異にする。
④多くの歴史的体験は、沖縄の最大の「財産」としての「ソフト・パワー」であり、これを普遍的に語ることが重要である。沖縄が「歴史問題」を克服し、21世紀において新たに構築されるべき日本の国家像の共同事業者となることが重要である。
⑤将来の沖縄にとって最も必要な役割は、アジア太平洋地域の将来のあり方を深く検討するための知的インフラの拠点形成である。

「構造的差別論」との違い

『沖縄イニシアティブ』の考え方と前述の「構造的沖縄差別論」に含まれる平和主義論を同じ土俵で論じるということが、沖縄ではなかなか行われない状況が続いている。その例外的な試みの一つは、2007年8月刊行の高良倉吉・仲里効著『対論「沖縄問題」とは何か』(弦書房)である。この二つの論争は、本書の終章で取り上げる「沖縄賢人会議」にふさわしいテーマになり得る。

のちの第二期仲井眞県政中に、高良倉吉氏と川上好久氏が新任副知事に就任した日、仲井眞知事は「この方は私の先生です」と言って、高良副知事を県の幹部に紹介したと伝えられている。仲井眞知事を破って当選した翁長知事が沖縄「構造的差別」を展開して以来、沖縄の言論空間では、『沖縄イニシアティブ』が提起したような沖縄の未来について、議論を戦わす機会は十分提供されていないようである。

第八節　歴史認識の差異と普天間・辺野古問題

前述の構造的沖縄差別と未来志向という、沖縄歴史を巡って異なる認識が存在することは、普天間・辺野古問題を検討する際にも、よく念頭に置く必要がある。

筆者は、個人的な仲間とともに、沖縄の歴史に対する本土と沖縄の間の認識の差異を取り上げ、その溝を狭める可能性について、ホームページやフェイスブックを通じて、読者と対話をする試みを2年間ほど行った経験がある。この私的な啓発活動は具体的な成果を生むことなく終了したが、普天間・辺野古問題を巡る政府と沖縄県との対立が続く現在、認識の差異を狭める努力は、沖縄県民の「心理的」負担軽減の観点から重要であると今でも考えている。

前述のように、沖縄の歴史に関しては、特に「琉球処分」や「沖縄戦」、サンフランシスコ平和条約と日米安保条約の締結、地位協定、米軍関連事件・事故、沖縄の米軍基地経済依存度についての認識の違いが大きい。単純化しすぎた見方ではあるが、これらを「沖縄の構造的差別」の中に括って議論する見解と、沖縄の「被虐意識」からの脱皮を説く議論が対立する構図ができ上がっているともいえる。また、こうした構図の中で、沖縄の言論空間を批判する意見も聞かれる（注22）。

この溝は、沖縄県と政府の間の相互理解の促進を阻害する状況を生み出している。一方、この歴史認識の違いという問題は、複雑かつ微妙なものであり、まずは研究者や専門家によって議論の対象を選択し、議論の違いを整理するという地味な努力が必要になる。この問題については、第六章及び終章で取り上げる。

２０１７年１月筆者は仲間とともに、先に触れた沖縄歴史認識懇話会（以下「沖歴懇」）を発足させた。発起人は、大山三枝子（主婦）、塩谷隆英（元経済企画事務次官、元ＮＩＲＡ理事長）、鶴田瑞穂（新三木会幹事）、則松久夫（元鉄鋼会社勤務）、橋本宏（元沖縄担当大使）、半田敏雄（元三菱重工業勤務）及び松井和明（元都市銀行勤務）の７名、インターネット担当として石山晴美及び大野良子の二人から協力を得た。非営利的、中立的かつ時限的な私的ボランティア組織である。

橋本宏を代表、半田敏雄、則松久夫、塩谷隆英の３人を代表代行とし、２０１８年12月末までの約二年間、ホームページを使って「沖歴懇」としての問題提起を行い、読者にコメントを求めるという形で活動を行った。

「沖歴懇」は、沖縄の歴史に関わる本土内外の認識上の差異という観点から、米軍基地の「物理的」負担軽減問題に加え、沖縄の多くの人たちがいまだに捨てきれない本土に対する深い種々のわだかまりや被差別意識といった「心理的」重荷の軽減に寄与するための問題提起を行った。その上で「沖歴懇」は、政府と沖縄県に対し、「物理的」側面と「心理的」側面の双方を同じ土俵で取り上げられるような議論の公的枠組みである「沖縄賢人会議」（仮称）を設置するよう訴えた。

２０１８年12月一区切りがついたところで、「沖歴懇」の活動を終了した。沖縄の歴史認識問題の重要性に鑑み、筆者は、終章において、再び「沖縄賢人会議」の設置を提言している。

政府の立場を理解する見解の発表の場が限られていることが、沖縄の言論空間の一つの特色であるとよくいわれる。筆者の気がつくことは、立場や見解を異にする人たちが一堂に会して話し合う場が、沖縄には十分にないことである。沖縄県内で「辺野古新基地反対」、「辺野古新基地建設阻止」の運動を全国に広げる努力が行われていることはよく分かるが、同時に県内に「辺野古移設やむなし」の意見が根強く残っていることも事実である。意見の異なる人たちが一堂に会して議論する機会を増やすことは、沖縄県にとって大きな課題であろう。

なお、沖縄の歴史と沖縄と言論人との関係についての考察は、別の機会に譲りたい（注23）。

この原稿を書いている２０２０年４月上旬の時点で、ＷＨＯが「パンデミック」と宣言した新型コ

（注22）大久保潤・篠原章著『沖縄の不都合な真実』（新潮新書）、仲新城誠著『偏向の沖縄で「第三の新聞」を発行する』（産経新聞出版）、仲新城誠著『翁長知事と沖縄メディア――「反日・親中」タッグの暴走』（産経新聞出版）

ロナウイルス（CIVID-19）は、世界的に感染を拡大し続けており、日本でも安倍内閣が緊急事態宣言を発出するに至っている。この感染がいつ収束に向かうかまだ不明であり、今後の日本国内外の諸情勢に与える影響は計り知れない。本章との関係では、日本の近代史研究、特にアジア太平洋戦争に至る道について新たな視点が生まれてくる可能性もあろう。いずれにせよ、沖縄の歴史問題を考察する際、これまで以上に国際情勢と日本の情勢とのとの相関関係、各国間のパセプションギャップ（相互認識の差異）、徳川時代以降現在に至るまでを「線」として捉える日本歴史の流れに対する視点の重要性が高める必要があると考える。

（注23）この問題については、森口豁（かつ）著『紙ハブと呼ばれた男——沖縄言論人・池宮城秀意（いけみやぐしくしゅうい）の反骨』（彩流社）などが参考になる。

第六章　普天間・辺野古問題の本質に迫る

県民投票について記者会見する玉城知事（2019年1月25日）
県民投票について記者会見する玉城デニー知事（那覇市の沖縄県庁）＜写真：時事＞

前章までの考察を踏まえ、普天間・辺野古（へのこ）問題の本質に関わる幾つかの点について、以下に取りまとめる。

第一節　復帰時の県民の願望

１９６９年の佐藤・ニクソン共同声明発出に際し、メディアは「72年、核抜き、本土並み」という政治スローガンを広く報道した。ここには、日米両政府側の様々な思惑が交差していた（本節最後の「備考」参照）。

１９７１年6月17日に日米両政府間で署名された沖縄返還協定第1条は、サンフランシスコ平和条約第3条の規定に基づくすべての権利と利益を米国が日本に放棄することを規定している。これは、沖縄の施政権を米国政府から日本政府に返還するものであり、沖縄の米軍基地の日本返還については、同協定では触れられていない。沖縄返還交渉の焦点は、沖縄の施政権の返還と米軍基地使用問題であった。

「政府が復帰の見返りとして引き続き沖縄米軍基地の重要性を日本国民に悟らせたいとの『思惑』を持っていたとする程度の情報は外部にも流されていたが（注1）、関連する米国外交文書が公開されるまでの間は、沖縄米軍基地の『自由』使用と沖縄の施政権返還を巡る米政府の考え方は、憶測の域を超えていなかった。実際には沖縄の米軍基地保有を継続するとの米政府の意思は固く、当時琉球政府の支持母体であった沖縄復帰協議会が要求した米軍基地撤去にとどまらず、一般の沖縄の人たちの強い願望であった本土並み米軍基地の整理縮小が返還協定に盛り込まれることはなかった」。

返還協定の締結により、「72年、核抜き、本土並み」のうちの核抜きの面では「本土並み」が実現したが、米軍基地の「本土並み」の縮小は事実上無視された。屋良朝苗（やらちょうびょう）初代沖縄県知事は、自著『激動八年——屋良朝苗回想録』（沖縄タイムス社）の中で、「基地の態様は、私たち多くの県民の意思とは違う方向に動いているように感じていた」と述懐し、「『基地は本土並み』ということは何度も聞いた言葉であるが、本土並みにはならなかった」と回顧している。

返還交渉の過程で、日本政府が沖縄の米軍基地縮小を米国政府に求めたこともあったが、米政府はこれを受け入れなかった（注2）。「本土並み」基地負担軽減の問題は、日本全体にとって大きな宿題として残ったのである。

例えば、沖縄復帰後23年を経た1995年3月の時点での沖縄の米軍基地は、専用施設が94施設、

（注1）宮里政玄著『アメリカの沖縄政策』（ニライ社）

（注2）櫻澤誠著『沖縄現代史——米国統治、本土復帰から「オール沖縄」まで』（中公新書）、宮川徹志著『僕は沖縄を取り戻したい——異色の外交官・千葉一夫』（岩波書店）

土地面積が31万5583平米であり、復帰時に比べてわずかに減少しただけであった。その年の9月に発生した少女暴行事件を契機として、復帰後初めて、日米両政府は県民の基地負担軽減に真剣に取り組む姿勢を示し、1996年12月にSACO最終報告を公表した。

現在実施中のSACO最終報告、及びその後の「統合計画」終了後も、沖縄には大きな米軍基地が残り、復帰時の「本土並みの負担」の願いからほど遠い状況がこれからも続く。第一章第一節で取り上げたように、最近のNHK世論調査でも、沖縄の米軍基地を「本土並みに少なくしてほしい」とする沖縄県民が回答者の5割を超える、との結果が現れている。しかし現実には、普天間・辺野古問題に焦点が集まる中で、沖縄県民の米軍基地負担軽減問題の将来は視界不良のままである。

日米同盟は、日本の安全保障にとって死活的に重要であり、また現在、アジア太平洋地域の安定にとって国際公共財としての意義も持つようになっている。沖縄県民に重い基地負担をかけたままで、今後ともすましていくわけにはいかない。沖縄県民の十分な理解をも背景にした、日米同盟の維持と発展が益々必要になる。その意味で、もう一度、沖縄の復帰の際の「本土並みの基地負担軽減」という沖縄県民の願望に立ち返り、これを将来どのように実現していくかについて、政府も国民も最大限知恵を絞る必要がある。

（備考）

「核抜き、本土並み」のスローガンは、そもそも沖縄返還交渉が具体的になる過程で、沖縄において広く取り上げられており、日本政府もこれをよく承知していた。

一方、この「本土並み」の中身について、琉球政府と日本政府との間で摺り合わせが行われたことはなかった。沖縄側は、施政権の返還と核抜きは当然として、沖縄の米軍基地についても「撤廃」から少なくとも「本土並み」といった幅広い願望があったが、難しい沖縄施政権の返還交渉の中で、米軍基地負担問題が中心課題として取り上げられることはなかった（注3）。

（注3）沖縄返還交渉については、文献が多々ある。筆者が参考にしたのは、東郷文彦著『日米外交三十年――安保・沖縄とその後』（世界の動き社）、伊奈久喜著『戦後日米交渉を担った男――外交官・東郷文彦の生涯』（中央公論新社）、大河原良雄著『オーラルヒストリー日米外交』（ジャパンタイムズ）、若泉敬著『他策ナカリシヲ信ゼムト欲ス――核密約の真実』（文藝春秋）、我部政明著『戦後日米関係と安全保障』（吉川弘文館）、宮川徹志著『僕は沖縄を取り戻したい――異色の外交官・千葉一夫』（岩波書店）、中島琢磨著『沖縄返還と日米安保体制』（有斐閣）などである。

第二節　辺野古は唯一の解決策か？

NIMBY意識

最近、深く考えさせられた新聞記事が二つある。

一つは、朝日新聞に掲載された「僕らの世代　割り切れない」と題するインタビュー記事であり（注4）、もう一つは、日本経済新聞に掲載された「福祉施設　自宅隣はNO！」「児相・介護、必要だけど…」『NIMBY』日本でも」と題する記事である（注5）。沖縄県の人たちの持つ「割り切れない」気持ちと本土の人たちの持つ「隣に来るのは御免被る」気持ちは、普天間・辺野古問題の本質にも通じるところがある。

既述のように、普天間・辺野古問題、沖縄県民の米軍基地負担軽減問題は、複雑で極めて広範にわたる課題を含んでいる。国益と県益の衝突、現実主義と理想主義の対立、全県的・マクロ的な負担と基地周辺住民のミクロ的負担の対立、普天間飛行場周辺住民と辺野古周辺住民の間の負担増減の際立つ対照性、日本の基本的安全保障体制の維持の必要性と沖縄戦の体験などから来る県民の強い平和主義志向との間の乖離（かいり）、沖縄の歴史問題と未来志向の間の相克などなど、枚挙のいとまがない。一般国民の側に「割り切れない」気持ちが残るのは当然である。

国政を預かる中央の政治家と県政を預かる沖縄県の政治家は、最終的には自らの「選択」と「実行」という重責を担っている。個々の課題の取り上げ方次第では、議論が拡散してしまうおそれがある米軍基地問題、つまり「割り切れない」気持ちが大きく左右する問題に対して、バランス感覚と説得力を持った選択と実行が求められる。現在の中央と地方政治家の双方には、これが欠けている。

「すれ違い」の議論

近年、日米両政府は機会あるごとに、普天間飛行場の「辺野古移設が唯一の解決策」との見解を表明している。しかし、〝唯一〟との見解は、学問的には成り立ち難い。政治の常識から考えてみても、

（注4）「朝日新聞」（2018年12月14日付）掲載の記事。普天間飛行場返還が合意された1996年生まれであり、沖縄の大学生で映画監督の仲村颯悟氏に対するインタビュー記事。同氏は「『1日も早い危険除去を』と言われるが、辺野古埋め立て作業が始まると聞いて、海に囲まれて育った者としては悲しく、戦争につながるものを拒みたいとする祖父母らの思いもあるが、米兵の友人もあり、基地をすべてなくしてほしいとは思っていない」と述べ、「沖縄戦も米軍統治も知らない僕らの世代の多くは、単純には割り切れない思いを抱えています」と答えている。

（注5）「日本経済新聞」（2019年4月9日付）掲載の記事。「わが家の近くはお断り！」。福祉施設の建設・設置計画に、地域住民が反対運動を起こすケースが各地で相次ぐ。こうした動きは、海外では『Not In My Back Yard』の頭文字を取って、NIMBY（ニンビー）と呼ばれる」で始まるもので、普天間・辺野古問題を扱った記事ではない。

この場合の〝唯一〟とは〝最も有力な解決策の一つ〟といった以上の意味を持つものではない。また、たとえ現政府にとって、これが実際に〝唯一の「政治的」解決策〟であったとしても、〝唯一の「軍事的」解決策〟でないことは、１９９６年のＳＡＣＯ最終報告の取りまとめを巡って、普天間飛行場代替施設の移設先について幾つかの選択肢が検討されたこと、民主党連立政権下で米政府に実際に県外移設を提起したことなどから見ても明らかである。

当時も現在も、政府として辺野古移設を優先せざるを得ない最大の理由は、沖縄県外に代替施設の受け入れ先を見出すことができないことにある。ＮＩＭＢＹ（我が家の裏には御免被る）が本土各都道府県の対応であり、政府もこの壁を崩せないことが、前述した普天間・辺野古問題の本質の一つである。

政府が「辺野古が唯一の解決策」と説明し始めた経緯は承知しないが、正直のところ、でき上がりのよくない表現である。もう少し謙虚な表現、例えば「辺野古移設は、最も現実的な基地負担軽減策」といった表現にとどめ、実際に現場に足を運んで県民説得に汗水を流す、という選択肢をなぜ取らなかったのだろうか。沖縄県民は「唯一」という発言を聞くたびに、生傷に塩をすり込まれるような思いをし、その痛みと苛立ちは年月を重ねるごとに強まっている。これは、政府の期待するところとも相反する状況である。

沖縄県知事が、「辺野古移設が唯一の解決策ではなく、他に代替施設建設地を見つけることができないという現実があるにすぎない」と議論することには正当性がある。同時に、政府が辺野古移設の意義について、沖縄県民の理解を求める努力を重ねることにも正当性がある。

しかし、そもそもの問題は、県と政府がこうした自己の正当性を口にするだけでは出口は見えてこないことにある。政府と沖縄県が違った方向に向かって演説していても、国民の心に響くものはない。国内には「沖縄の基地を本土に受け入れるように」と訴える市民運動が行われていて、最近では、沖縄の市民運動（注6）に応えて、本土の幾つかの地方議会が、辺野古移転中止と国外・沖縄県外移設について「国民的議論」を行うことに賛同を表明している。また、橋下徹元大阪市長のように、「米軍基地の整理統合や移設を促すため、新たな『手続き法』を制定すべきである」との実務的な提言も出ている（注7）。「万国津梁会議」の提言については後述する。

これらの運動や提言は、有意義なものであるが、国民的な動きに結びつき難いのが現実である。

政府と沖縄県は、「辺野古は唯一の解決策」を巡るすれ違いのやり取りを止め、共同してＮＩＭＢＹ意識を乗り越えるための知恵を出し、国民の心に響く措置や訴えをしていくことが極めて重要である。

（注6）「沖縄の米軍基地を本土で引き取ろう」と呼びかけている市民運動グループが、福岡や大阪など、本土の幾つかの都市にある。沖縄への米軍基地の集中は「差別」であり、本土で引き取ることを訴えている。

（注7）橋下徹著『沖縄問題、解決策はこれだ！――これで沖縄は再生する。』（朝日出版社）

第三節　負担増？　負担減？

１９９６年当時の普天間飛行場代替施設の沖縄県内移設・建設案は、比較的小規模のものであった。その後、代替施設の計画は何回か変更を重ね、長い年月の間に、代替施設の規模は大規模なものになっていった。同じ期間、沖縄の経済は観光や通信などの分野を中心に発展し、普天間飛行場返還跡地の経済的効果は非常に大きくなってきている。

こうした変化が生じている中で、政府と沖縄県は、普天間飛行場の全面返還と辺野古移設・建設によって、沖縄県民の米軍基地負担は増大するのか、あるいは減少するのかについて、検証を実施してはどうかといった議論をこれまでしたことがない。なぜか。

１９９６年のＳＡＣＯ最終報告の趣旨は、沖縄における駐留米軍の機能を保持する形で、米軍基地の整理・統合・縮小することにある。

稲嶺(いなみね)知事と仲井眞(なかいま)知事は、ＳＡＣＯ最終報告を受け入れて、沖縄県民の米軍基地負担軽減を図ることに努力した。それに対して翁長(おなが)知事は、沖縄における「新基地」建設阻止の姿勢を強め、ＳＡＣＯ最終報告に対しても高い評価を与えなかった。玉城(たまき)知事は、翁長前知事と同様に「辺野古新基地反対」であるが、ＳＡＣＯ最終報告をどのように捉えているのかはよく分からない。

名護市民の負担増大の観点から辺野古移設問題を捉えるのは、名護市長の役割である。宜野湾市民の負担減の観点から普天間飛行場の返還を強く望むのは、宜野湾市長である。沖縄県知事としての役割は、県民全体の米軍基地負担軽減の観点から普天間・辺野古問題を捉えることにある。玉城知事が辺野古移設・建設に反対というのであれば、政府に負担増減について共同検証を提案し、負担増の検証結果が出るのを待って、「新基地建設」に反対するのが本筋であろう。

現実には、政府側も沖縄県も共同検証に踏み切ろうとしない。沖縄県側にも政府側にも、現段階では、「リスクが高い」「時間稼ぎの隠れ蓑になる」といった、懸念やその他諸々の政治的思惑があるように思われる。

しかし、これまで普天間・辺野古問題によって散々振り回されてきた沖縄県民のことを考えるならば、一度ぐらいは客観的・科学的手法を使って、普天間・辺野古問題が県民の基地負担増になるのか、負担減になるのか、共同検証をしてみてはいかがであろうか。

第四節　地位協定との関連

米軍に関わる事件・事故は、本土の米軍基地周辺でも生じているが、特に沖縄本島では米軍基地が集中しているため、事件・事故の発生機会が多く、しかも重大な事故や凶悪犯罪の発生率も高い。基地周辺住民は、事件・事故の再発防止を切実に求めている。事件・事故の原因究明と再発防止について、より効果的な措置を講じていくことが極めて重要である。

既述のように、沖縄県は、1995年の少女暴行事件以来、地位協定の抜本的見直し要求を強く行ってきている。

一方、沖縄県がどれほど強く地位協定の抜本的な見直しを求めても、近未来において、政府がこの要求に応じる可能性は低い。地位協定の抜本的見直し機運が盛り上がるのは、国際情勢の急変などを契機に日本の基本的安全保障体制に大きな修正を求める声が一挙に国内で高まるとき、国内で憲法改正の声が高まるとき、米軍関連大事故・大事件が発生して日米同盟への国民の信頼感が激減するときなどであろう。

地位協定見直しの機運が高まる際には、「集団的自衛権の完全行使を認めるように憲法改正を行って、日本が二国間相互防衛条約を締結すべきである」とする意見、あるいは「地域的な集団的安全保障条約への参加の道を選ぶべき」とする意見、さらに、かつて盛んに行われていた非武装中立主義や自主防衛主義の議論を支持する意見なども必ずや出てくるであろう。地位協定の抜本的見直し支持運動を全国的に展開できるかどうかは、時の沖縄県知事の力量次第となる。いずれにせよ、「平時」に見直しの好機が生まれる可能性はほぼない。

稲嶺元知事がよく口にするように、「オール・オア・ナッシング」では、基地周辺住民の日常の安全・

安心を高めていくことにはつながらない。玉城知事にとっては、まずは現行地位協定上取り得る最大限の「運用の改善」措置について、政府に具体的な提案をしていくことが重要であろう。地位協定の抜本的な見直しは、「『運用改善』では万策尽きた」と政府が観念したとき、初めて真剣な検討の気運が高まるものであることを理解する必要がある。

第五節　政府との対話

翁長前知事は、自著『戦う民意』の中で、「政府と県の間で、基地問題等に関する集中協議（5回の連続した会議）が行われた」と記している。

この協議では、基地問題の原点から始まって、国際情勢の変化、海兵隊の抑止力、歴史的な経緯などを話し合ったとされている。

同協議で現実にどのような意見交換が行われたのかは詳らか（つまび）にはしないが、もしも翁長知事が、持論の国際情勢の認識を伝え、政府側の認識を批判していたとするならば、外務省勤務の経験を持つ筆者からすれば、政府側はさぞかし〝弱っていた〟ことであろうと推察する。

というのも、翁長知事の国際情勢の認識は、期待先行のものであり、常識的な国際情勢の理解から乖離していたからである。政府側は、翁長知事に対して礼を失しないように気を配りつつ、黙って知事の説明を聞いていたのかもしれないし、知事の国際情勢の認識を聞いた後に、政府側の認識を開陳し、両者間で摺り合わせの意見交換を行うことなく、議論を終えていたのかもしれない。

翁長知事は、日本の安全保障政策を真正面に据え、国際情勢の変化、米国の日米安保体制への取り組み方、近隣諸国の軍事政策などなどを総合的に捉え、最終的には、政府側に辺野古埋め立て中止を認めさせるような議論を展開していきたかったのであろう。翁長知事の心情は分からないわけではないが、翁長知事の国際情勢の認識について、政府から同意を引き出すことは無理であったと言わざるを得ない。

翁長知事は、自著『戦う民意』において、「政府が沖縄県に求めてきた辺野古問題の集中対話は、政府の『アリバイづくり』であった」ように記しているが、筆者には、それと異なる風景が見え隠れする。

かつて筆者は外務省の若手職員として、日米安保反対を唱える革新派の人たちから要請・抗議を受けたことが何回かある。相手側が日米安保体制の意義を全く認めようとせず、「理想」や「情念」を中心の議論をしてきたのに対して、当方はただ黙って聞いていた。そんな経験を思い出す。

現実に行われた辺野古問題集中対話は、すれ違いに終始し、沖縄県と政府の双方の間に、ある種の徒労感やむなしさが残ったのではないか。黙っている相手の口を開かせ、自分たちの望む議論に乗ってこさせるためには、議論の内容（サブスタンス）に加え、相当の知恵と戦術（話術）の会得が重要になる。翁長知事の采配した会議が、実際にどのように進められたかは分からないが。

玉城現知事は、政府に対して対話の継続を求めている。しかし、対話の中で、「沖縄県民投票に現れた民意を政府が尊重し、『辺野古新基地』建設を中止すべきである」と主張し続けるだけであれば、2018年の際の対話のように、政府と沖縄県はお互いの主張を述べ合うことで終わるであろう。代替施設の辺野古建設作業は、軟弱地盤といった技術的な問題もあって、さらに遅れを見せている。その間に、玉城知事は、「辺野古新基地反対」路線を続ける以外の何か新たな方針を示す考えを持っているのであろうか。

翁長知事以来、沖縄県は、「辺野古新基地建設阻止」に急なあまり、普天間・辺野古問題の実質に関与できなくなってきている。沖縄県民は、こうした状況の継続をいつまで許すのであろうか。いずれ、「真実のとき（The Moment of Truth）」は来る。それまで玉城知事は、将棋の〝千日手〟（注8）のような状況を続けることが許されるのであろうか。

すべては、今後の沖縄県民の「民意」次第なのかもしれない。

（注8）同じことを繰り返し、いつまでも終わることのない攻防を「千日手のように」と比喩表現で使用されることがある。

第六節　県民党と新たなイデオロギー闘争？

「沖縄県民党」

2019年、沖縄の地元紙は、歴代県知事が知事在任中か退任後に、メディアから「沖縄の心とは？」と尋ねられて答えたところをまとめて掲載した（注9）。以下に紹介する。

・西銘順治（にしめじゅんじ）「ヤマトゥンチュになろうとしてもなり切れない心」
・大田昌秀「平和を愛する共生のこころ」
・稲嶺惠一「異質なものを溶け込ませる寛容さ」
・仲井眞弘多「三人の先輩のおっしゃったことを足したような感じが県民の気持ちではないか？」
・翁長雄志「ウヤファーフジ（注10）の頑張りやご苦労を敬い、子や孫が幸せになるよう思いながら誇り高く生きる心」
・玉城デニー「ウヤファーフジから受け継がれたチムグクル（注11）の考え方を尊重し、自立と共生と多様性の考え方を尊重して、誰もが互いに助け合い、そして誰もがみんな取り残されることなく幸せになっていくことをみんなでつくっていく。そういう思い、理念を実現したいということがウチナーンチュの心、沖縄の心ではないか」

西銘知事の発言は、1985年に朝日新聞によるインタビューの中で行われたもので、沖縄県民の本土の人たちに対する気持ちをよく表すものとして、沖縄では長年にわたって頻繁に引用されてきている。

この発言に対する沖縄県内の見方は、二つに分かれる。一つは、本土への屈折した思い、本土から押し付けられた運命に対する抗議、といった見方である。もう一つは、西銘発言に敗北感や悲壮感はなく、いろいろな分野で沖縄が本土と肩を並べるまで力がついたとの自信が県民の間で共感された、という見方である。

2012年11月、翁長雄志那覇市長（当時）は、朝日新聞のインタビューの中で、この西銘発言に関連し、「ぼくは分かった。ヤマトゥーンチュになろうとしても、本土が寄せ付けないんだ」と述べた。また、2014年12月9日に仲井眞弘多知事（当時）は、退任記者会見で西銘発言について聞かれ、「少なくても私は、こういうヤマト対沖縄というものを前にして、（中略）、やる時代ではないし、私の

（注9）「沖縄タイムス」（2019年4月25日付）
（注10）沖縄方言で「ご先祖様」の意。
（注11）沖縄方言で「心」「精神」の意。

考えはないし、私の考えとは合いませんね」と答えた。

歴代沖縄県知事は、革新系・保守系の違いを問わず、日米安保体制の枠組みの中で、県民の米軍基地過重負担の軽減、地位協定の抜本的改定、沖縄の歴史の尊重などなどを政府に求めてきたという点では、等しく「沖縄県民党」の代表であった。

ちなみに現在、国政レベルでは、与党のみならず主要野党も「保守系」の旗印を掲げていて、与野党を分ける基準としてのイデオロギーの意義は薄れてきている。主要野党の主張を見ていると、与党との差別化に急なあまり、保守系というよりも、革新系と称した方が実状に合っているとの印象も受ける。保守と革新に代わって、保守とリベラルの対立軸ができ上がるならば、相当分かりやすくなるのであるが、これが近く現出することはあまり期待できない。

これに対して、米軍基地の多い沖縄では、本来、保守と革新のすみわけが本土よりも明確になっていても不思議ではないはずである。しかし実情は、国政同様に混沌（こんとん）としている。革新系大田知事は、日米安保体制を正面から批判はしなかったものの、普天間代替施設の県内移設などについては政府に反対する姿勢を示した。稲嶺知事と仲井眞知事は、保守系県知事として、日米安保体制支持の姿勢もしっかりしていた。

その後、翁長県知事によって、従来の「沖縄県民党」の姿は大きく変わり始めた。この点は、以下に説明する。

新たなイデオロギー闘争？

元自民党沖縄県連幹事長であり、保守系政治家の旗印を立てていた翁長雄志氏は、２０１４年の沖縄県知事選に臨む決断をした際、保革を乗り越え、「イデオロギーよりアイデンティティーを」とのキャッチフレーズのもと、県内の「辺野古新基地反対」勢力の結集を目指した。県知事選間近になると、「オール沖縄」グループ（注12）は、「辺野古新基地反対」というよりも、あらゆる手段を講じる「辺野古新基地阻止」の運動を展開した。

「オール沖縄」運動は、翁長知事が自ら唱える保革のイデオロギー対立を乗り越えた運動というよりも、むしろ「辺野古新基地」阻止によって沖縄のアイデンティティーを確立しようとする運動であり、新たなイデオロギー闘争の様相を示していたともいえる。

２０１３年末の政府概算要求交渉の過程で、大幅な沖縄振興費予算獲得の内示を受け、仲井眞知事はこれを大いに歓迎する発言をした。一方、これを契機に、沖縄の地元メディアは「仲井眞知事が沖

（注12）２０１２年9月9日の「オスプレイ配備に反対する沖縄県民大会」の開催に先立ち、大会事務局が沖縄県の全自治体から開催賛同を得たことを契機に、地元紙が「オール沖縄」という表現を用いたことに由来する政治運動。その後、同県民大会実行委員会と沖縄県内の関係自治体の連名で、オスプレイの配備撤回、普天間飛行場の閉鎖・撤去、県内移設断念を要求する建白書がまとめられ、２０１３年1月28日に翁長雄志那覇市長ら関係者代表が直接、安倍総理に渡した。この建白書は、「オール沖縄」グループの拠り所と位置付けられるようになった。

縄振興予算獲得のため、普天間代替施設の県外移設を求めてきた沖縄県の方針を政府に売り渡した」といった報道をするようになった。こうしたメディア報道は、三選を目指す知事にとって大きな逆風となった。

翁長氏は、自著『戦う民意』の中で、仲井眞知事に対して、「私にも全く相談がないまま公約を捨てて、辺野古埋め立てを承認した」「その裏切りを県民が許さなかった」と、激しい言葉を投げかけている。翁長氏が仲井眞氏に対し、これほどまで感情的に敵意をむき出しにした背景は筆者には分からない。いずれにせよ、感情や情念をむき出しにして県知事選の勝利を獲得するという手法は、それまでの県内保守政治家が取ってきた伝統的な「沖縄県民党」の人たちにはあまり見られないものであった。

翁長知事は、「『辺野古に基地をつくらせない』という一点で、保守と革新の両陣営を一つに結び付けて、県民の大きな支持を得た」と自著に書いている。県知事選を県政奪取のための権力闘争という観点から見るならば、「仲井眞氏は、政治プロフェッショナルの翁長氏に負けた」という構図であった。翁長知事は、市民運動と連携するポピュリズム型の政治運動を進め、その結果として、沖縄における漸進主義的な保守主義は影が薄くなっていった。

沖縄県では、その歴史的背景もあり、市民運動が活発である。米軍基地周辺住民や沖縄の市民運動に携わる人たちは、常に米軍基地の運用ぶりに目を光らせている。その影響力は大きい。市民たちの厳しい目があるがゆえに、日米両政府は地位協定上の「運用の改善」を重ねている、と言っても過言でないところがある。民主主義は、沖縄で正しく機能している。

一方、県知事にとっては、市民運動との間の距離感は重要であって、それが近すぎるとポピュリズムの弊害に陥る危険がある。翁長知事のように、沖縄県知事が言わば市民運動と一体となって政府に鋭く対立するといった構図は、大田知事時代よりも鮮明であった。普天間・辺野古問題に関する限り、翁長氏主導による「オール沖縄」運動は、表面的には、かつての急進社会主義運動を彷彿させるところがあった。

「辺野古新基地反対」の翁長路線を引き継いだ玉城現知事も、保守系の知事である。今のところ、玉城知事は政府との対立色を薄めるようにしているが、「辺野古新基地反対」運動に関しては、伝統的「沖縄県民党」の漸進主義的な保守主義に戻る気配を見せていない（注13）。

２０１９年4月に沖縄県が設置した有識者から意見を聴くための枠組みの一つである「米軍基地問題に関する万国津梁会議」（注14）は、２０２０年3月26日、玉城知事に提言書を提出した。同提言については後述する。

（注13）２０１９年の早稲田大学における玉城知事の講演（『デニー知事激白！　沖縄・辺野古から考える、私たちの未来——多様性の時代と民主主義の誇り』（高文研）に収録）、雑誌『世界』（２０１９年6月号）に掲載の玉城知事インタビュー、及び『文藝春秋』（２０１９年七月特別号）掲載の「沖縄はすべての基地に反対ではない」と題する玉城知事の寄稿文。

（注14）日米安保体制、国際政治、沖縄現代史などの民間専門家から選ばれた7人の委員で構成。委員長は柳澤協二元内閣官房副長官補。

第七節　沖縄の未来との関係

1994年9月9日、沖縄に出張中の宝珠山昇防衛施設庁長官が「沖縄は基地と共生・共存してほしい」と発言したことに対し、県内から抗議の声が上がり、同年10月5日に村山富市総理大臣と玉澤徳一郎防衛庁長官が発言の部分的撤回と陳謝をし、基地の整理統合への努力を約束して事態の収束を図った、という出来事は今日でも尾を引いている。

「米軍基地との共生」に対する歴代知事の立場を振り返るならば、大田知事は本質的には「共生」に強く反発、稲嶺知事は「共生」に疑問、仲井眞知事は沖縄経済の発展とアジアとの結びつき強化を訴える中でせいぜい米軍基地を容認、翁長知事や玉城現知事の場合は、米軍基地との共生問題に直接触れた発言はしていないが反対、と整理することが可能であろう。

2020年1月6日、玉城デニー知事は、県職員に向けた年頭メッセージにおいて、2019年度から本格的に取り組みを開始したSDGs（国連の主導する持続的開発目標）を全県的に進めることを強調し、また、「辺野古新基地建設の断念を政府に強く求めていく」と述べた。一方、同知事はこの二つを並列的に取り上げるにとどめ、県内米軍基地の存在を考慮に入れたSDGs目標のもとで沖縄の将来図を描くとの姿勢は示さなかった。

近未来に沖縄からすべての米軍基地がなくなると予想するのは、現実的ではない。米軍基地の存在を横に置いたまま、沖縄県知事が沖縄の将来図を描くのでは、政治スローガンの域を超えることができない。本来、沖縄の未来について語るのであれば、政治信条の如何に関わらず、県知事は現実的な県政の延長線上に将来図を描くことが求められる。宝珠山発言でクローズアップされた「米軍基地との共生」が、沖縄の未来図の中では避けて通れない課題として存続している。

一方、沖縄県知事が米軍基地全廃を前提として未来図を描くことは、沖縄の県政運営上、常識的にはあり得ない。同時に、米軍基地の現状を前提としたままの未来図では、沖縄県民が納得するはずがない。保守系・革新系を問わず、歴代知事はこの問題から逃れてきた。この問題から目をそらせて、普天間・辺野古問題という個別問題に没頭してきた。知事が、将来の沖縄米軍基地の県民負担軽減問題のあり方を横に置いたままで、沖縄の未来図を描くことは、今後ともどれほど長く許されるであろうか。

この先、「『特定規模』の米軍基地の存在を前提として、沖縄の未来の設計図を描くべき」との声が県内で高まる可能性はどの程度あろうか。この点については、前述の「構造的沖縄差別論」と「沖縄イニシアティブ」に代表される歴史認識問題が今後、県内でどのように議論されていくかにもよるであろう。

筆者が沖縄県民であるならば、「沖縄の米軍基地を本土並みに縮小してほしい」と、復帰当時の県民の強い願望を前提とした沖縄県の未来図を玉城知事に提案したいところである。

最後に、1993年11月23日に米国上下両議院の共同決議が採択され、同日ビル・クリントン大統領が署名した、いわゆる「謝罪決議」（注15）に言及しておきたい。この問題は、沖縄の未来図との関係で十分に検討されるべきものであると考える。

1893年、米合衆国は、米当局と米市民の積極的な参加によって、ハワイ王国を転覆させた。その後、長い間にわたって、ハワイの住民は、ハワイ王国の主権を合衆国に直接放棄したことを認めず、合衆国にハワイ王国の独自の文化・歴史を尊重するように強く求めた。また、主権回復を求める運動も行っていた。

ハワイ併合100周年を迎えるに当たり、ダニエル・アカカとダニエル・イノウエ両米上院議員の努力が実を結んで、「合衆国市民と官憲による、ハワイ王国の転覆の事実」と「ハワイ住民が『ハワイは固有の領土である』と主張している事実」を認める上下両院の共同決議が採択された。これは、公式の謝罪決議ではなく、また米国政府を拘束する法律でもなかった。

これは、謝罪の気持ちを表すことで、歴史問題の克服を図った一つの実例である。沖縄の歴史問題を考える上で大いに参考になる。

（注15）琉球新報社・新垣毅編著『沖縄の自己決定権――その歴史的根拠と近未来の展望』（高文研）

終章　「本土並み基地負担」の実現に向けて

沖縄復帰記念式典（1972年5月15日）
日本武道館で行われた沖縄復帰記念式典（東京都千代田区）<写真：時事>

第一節　提言の趣旨

政府は、ＳＡＣＯ最終報告とその後の「統合計画」に含まれている、米軍基地の整理・統合・縮小計画が完了した後の沖縄米軍基地のあり方（以下、便宜的に「ポストＳＡＣＯ」）について、どのようなビジョンを描いているのかを明らかにしていない。また、仲井眞県政下で沖縄県が初めて策定し、２０１２年度から開始され２０２２年３月に期限を迎える「沖縄21世紀ビジョン基本計画」では、沖縄県は「基地負担軽減の方策を取りまとめて、問題提起していく必要性（注１）がある」とされているが、その後も米軍基地の位置づけを示した沖縄の将来ビジョンは具体的に示されていない。

このように、政府と沖縄県は、沖縄県民の米軍基地負担軽減の将来について、それぞれのビジョンを示さず、しかも、普天間飛行場の全面返還とその代替施設の辺野古(へのこ)移設・建設によって、沖縄県民の基地負担が軽減するのか、あるいは、かえって増大するのかについて、共同で検証することもなく、相互の対立関係を深めている。これでは、国民の目には、普天間・辺野古問題の本質がよく見えてこない。一般国民には、普天間・辺野古問題を巡って、いつも「もどかしさ」が付いて回っている。

不透明さ・不確実さを増している現在の国際情勢のもとで、日本の安全確保に遺漏(いろう)がないようにしていくには、自らの防衛努力と並んで日米安全保障体制の円滑な維持・発展が重要である。このためには、駐留米軍の沖縄への過度の集中状況を是正し、沖縄県民を含む国民全体による日米安保体制への理解と支持の増進が重要であり、沖縄県民に対しては、米軍基地負担軽減に対する予見可能性を増大させることが必要不可欠である。

これを実現するには、政府と沖縄県が対立するのではなく協調してこれに当たることが重要であり、まずは政府が動くべきであろう。政府は、日米同盟の長期的な維持・発展のため、ポストＳＡＣＯ戦略、即ち、沖縄米軍基地負担軽減に対する長期的な戦略を練る第一歩を踏み出すべきである。

（注１）沖縄県は、仲井眞県政のもとで２０１２年5月15日に「沖縄21世紀ビジョン基本計画（沖縄振興計画平成24年度～平成33年度）」を策定し、翁長県政のもとで２０１７年5月にこの基本計画を改定した。以下は、平成24年度の基本計画で取り上げられた、米軍基地問題関連の概要である。

・本土復帰から２０１６年12月までに、沖縄で返還された米軍基地面積は約33％であったが、本土の66％に比較して、返還が進展していない。日本の安全保障を支える米軍基地が、沖縄に集中している現状を改善してほしい。
・基地から派生する問題を踏まえた措置や、経済発展の可能性が抑制されていることに対する手当が必要である。
・米軍基地問題については、日米両政府に対し、米軍基地に起因する様々な事件・事故や環境問題への取り組み、米軍基地の整理縮小と日米地位協定の抜本的見直しを求める。
・地位協定が抜本的に改定されるまでの間、生活環境被害や自然破壊の防止対策の強化のため、国内法の基準や手続きに準じた対応などを求める。
・米軍基地の過重負担を踏まえ、沖縄の負担のあり方については、国全体の大きな課題として見直す必要がある。
・基地跡地利用が重要課題である。
・海兵隊の国外移転と嘉手納飛行場より南の基地の返還は、基地負担軽減の観点から重要である。
・日米の国防・安全保障政策や国際情勢を踏まえ、沖縄の過重な基地負担の軽減に向けた効果的な方策を県として取りまとめ、問題提起していく必要がある。

こうした観点から、筆者として以下に幾つかの「提言」を行いたい。

第二節　提言Ⅰ「『本土並み』最終ゴールの設定」

提言の概要

2025年までに日米両政府は、沖縄の米軍基地負担を「本土並み」に軽減するとの戦略目標を策定する。その中で幾つかの段階に分けて、新たな沖縄米軍基地負担軽減措置を講ずる。

――「本土並み」の戦略目標について

ここで言う「本土並み」の戦略目標とは、国際情勢が複雑化する中、自らの防衛努力と日米同盟によって日本の安全保障をしっかりと確保していくため、米国の世界戦略との整合性を図りつつ、沖縄県と本土における米軍基地負担の平準化を図る中長期な目標を意味する。一つの県だけに多大な負担をかけさせたままの現状をさらに続けることは、不公正・不公平であり、また、日米同盟の長期的維持と発展を損なう要因にもなる。

米軍基地負担の平準化の考え方は、沖縄の日本復帰当時に浮かび上がった米軍基地負担の「本土並み」軽減に対する沖縄県民の強い願望を実現するとの趣旨である。

一方、沖縄の「本土並み」負担を図るには、国際情勢や米国の軍事戦略、米軍の海外兵力の編成、日本の防衛戦略、防衛予算、本土自治体の協力などなど、多くの変数が介在するため、それらを乗り越えるための幾つかの「知恵」が必要となる。

例えば、「戦略目標の設定」と言っても、具体的に年限を課した目標の設定は非現実的である。また、復帰当時、沖縄県民は「本土並み」基地負担軽減の中身を具体的に語ってはいなかった。さらに、「『本土並み』基地負担」と言っても、本土にも多くの米軍基地が存在しており、基地所在地周辺の住民基地負担の内容・性格は、それぞれの地域によって異なる。そのため、沖縄本島における米軍基地面積と本土の特定の基地関連自治体（例えば、青森県や神奈川県などの自治体）と比較して、「本土並み」への縮小を議論してもあまり意味はない。

「本土並み」は、非常に分かりやすいキャッチフレーズであるが、その肉付けをするのは今の世代の役目となる。

以上の諸事情を考慮に入れて、筆者は「『本土並み』の最終ゴール」という戦略目標を提案をしたい。

それは、朝鮮戦争の終結と米軍再編を契機に、１９５４年7月に本土から沖縄に第三海兵師団を移駐させた（注2）ことに伴う、沖縄の米海兵隊のプレゼンスを最小必要限度にまで縮小することをもって、「本土並み」の最終ゴールとする目標の設定である（注3）。最終ゴールの達成に具体的な年限を定めることは不可能であるが、例えば、辺野古移設建設完成後5年以内を目途にすることには現実性があろう。

最終ゴールに至る道筋を明確化するため、日米両政府は、ポストSACOの措置として、以下に述べる「新たな米軍基地負担軽減パッケージ」を取りまとめ、順次実施に移す。「最小必要限度」についてのイメージは、自衛隊との共通使用の拡大を含め、沖縄における米海兵隊の実戦部隊がキャンプ・シュワブ周辺に限定される姿である。

――「新たな米軍基地負担軽減パッケージ」

日米両政府は、「本土並み」戦略目標の中に、以下の新たな米軍基地負担軽減パッケージを盛り込み、2025年の時点で合意可能なものを取りまとめて、第一回目の新たな米軍負担軽減措置として公表する。

①SACO最終報告の延長線として、政府は、米軍の訓練や兵器類の修理などの本土への移転をさらに重点的に進める。

②在沖縄米軍施設を総点検し、さらに縮小し得る施設を特定する。

③政府は、従来通りの自らの努力に加え、全国知事会議や沖縄県、市民団体などが始めている「本土に沖縄米軍基地を引き受ける運動」などと提携し、基地や訓練などの本土受け入れを関連自治体に働きかける。

④当面の普天間飛行場の危険除去措置として、⑴普天間飛行場に常時配備されているオスプレイなどの航空機兵力は現状レベルで凍結する、⑵最も安全な離着陸ルートを求め、再点検する、⑶普天間飛行場代替施設計画の進捗状況に応じて、ヘリコプター以外の航空機のプレゼンスを減少させる、⑷夜間訓練などの止むを得ない訓練実施に際しての透明性の向上を図る、などの措置を取る。

⑤普天間飛行場代替施設の辺野古移設・建設問題について進展があれば、それを適宜新たなパッケー

（注2）１９５３年7月の朝鮮半島における休戦協定の締結と極東米軍再編との関連で、１９５４年7月、米政府はそれまで本土に駐留させていた米海兵隊第三師団を沖縄に移駐させる決定を行い、沖縄において新たに大規模な土地接収を図った。朝鮮半島で休戦協定が締結され、海外駐留米軍の削減に対する米国内の圧力が高まる中で、当時の米政府は、米国の施政権下にあった沖縄へ海兵隊を移駐させることによって、日本の本土における激しい米軍基地反対闘争や反米感情をかわす狙いがあった、と広く言われている。

（注3）１９５４年7月以前の在日米軍兵力に占める在沖縄米軍兵力の比率に関する公表数字はないが、今後の在沖縄第三海兵師団駐留兵力のグアムなどへの分散を念頭に置くならば、１９５４年7月以前の兵力比率を念頭に置いて、海兵隊を中心に在沖縄米軍常駐駐留兵力の縮小を図ることは十分可能である。問題は、これに伴う在沖縄米軍基地をどこまで縮小し得るかということであり、イメージとしては、将来、在沖縄海兵隊実戦部隊をキャンプ・シュワブ周辺の現米軍基地内に集中を図り、これをもって、一連の「本土並み」基地負担の軽減の最終目標にするとの考え方である。その後の負担軽減のあり方については、自衛隊のあり方を含めて、全国民的に議論する必要があるとする考え方である。

ジに含める（第三節「提言Ⅱ」参照）。

⑥海兵隊のグアム移転が実現すれば、それを新たなパッケージに入れる。

⑦自衛隊の島嶼（とうしょ）防衛機能の充実化を通じて、自衛隊による沖縄駐留米海兵隊の機能代替を徐々に図り、その間、沖縄米海兵隊基地の日米共同使用を促進する。

⑧嘉手納（かでな）米空軍基地については、周辺地域に対する騒音を現状に留め得る範囲内で、徐々に航空自衛隊との共同使用に持っていき、同時に那覇空港を民間空港専用にしていく。

⑨地位協定の「運用改善」の新方式を導入する（第四節「提言Ⅲ」参照）。

提言の背景

沖縄復帰の過程で、沖縄復帰協議会は沖縄の米軍基地の撤去を強く求めた。日本政府も、米軍基地の縮小の必要性を理解していたが、沖縄返還交渉の中心課題にすることはできなかった。当時のメディアで大きく取り上げられた政治スローガン「72年、核抜き、本土並み」のうち、1972年の沖縄返還と核抜きの面では「本土並み」が実現した。しかし、「沖縄の米軍基地負担を本土並みに軽減してほしい」との県民の強い願望は実現しなかった。

「戦後外交の総決算」は、安倍内閣の旗印の一つである。2019年1月20日に招集された通常国会冒頭の施政方針演説においても、安倍総理大臣は「戦後外交を総決算し、新しい時代の日本外交を確立する」と述べた。しかし、その具体的な中身はなかなか見えてこない。沖縄県民の「本土並み」の願望を実現して沖縄復帰を完結することも、「戦後外交の総決算」の一つであることをここで強調しておきたい。

２０２０年に入り、国際情勢がますます不安定となり、将来を見通すことが極めて難しくなっている今こそ、政府は中長期的目標を立て、「本土並み」の米軍基地負担軽減の措置を果断に取り、日米同盟に対する日本国民の支持を確固たるものにしていくべきである。沖縄県も、政府のこうした動きを鼓舞し、米軍基地負担軽減の実現を側面的に支援していくべきである。

政府間交渉のための準備

「普天間飛行場の代替施設建設は、日本の国内問題であり、代替施設が建設されない限り、普天間飛行場をそのまま使うだけである」と、米政府関係者が受け取っている姿は、長年にわたって見え隠れしてきている。日米両政府間交渉のための準備として、まずは、日米両政府間に普天間・辺野古問題について、ともに汗を流す機運を盛り上げていく必要がある。そのためには、沖縄県を含め、日本全体として何ができるか、知恵を出していくことが重要だ。

１９９６年以来、長い年月にわたり、日米両政府間は辺野古移設計画の詳細について合意できず、やっと現計画案ができ上がった頃には、沖縄県民の「民意」は辺野古移設から離れ始めた。そして、

２０１４年以降になると、沖縄県知事は「辺野古新基地」阻止・反対の運動を展開している。また最近では、辺野古埋め立て地域における軟弱地盤の問題が出たことにより、辺野古移設計画の総工費は当初見積もりよりも大幅に増加し、工期も大幅に遅れる見通しになっている。

こうした事態の変化に対し、米政府から大きな不満の声が上がるわけでもなく、あたかも米政府は舞台裏に引っ込んでしまっているかのように見える。米側を表舞台に引き戻す方策を練ることが、日本側にとって極めて重要である。

次節「提言Ⅱ」で取り上げる共同検証の実施は、政府と沖縄県の相互協力の第一歩である。将来、このような形で相互協力の姿勢が強まるならば、結果として、米政府の沖縄米軍基地の将来を見る目も変わるであろう。また、本土の関係自治体も、政府と沖縄県に協力する姿勢を示すようになるであろう。

第三節　提言Ⅱ「負担増減の共同検証」

提言の概要

政府と沖縄県は、普天間飛行場の返還と代替施設の辺野古移設計画によって、県民の米軍基地負担が増大するか／減少するかについて、共同で検証を実施する。

指標の選択

政府と沖縄県は、普天間飛行場の全面返還による周辺住民の「基地負担減」と、その代替施設の辺野古移設・建設による周辺住民の「基地負担増」を検証するため、使用する指標について合意する。

普天間飛行場とその代替施設の面積、キャンプ・シュワブ周辺の騒音、その他に環境保全に与える影響、米軍航空機事故、海兵隊員による事件・事故、キャンプ・シュワブ沖漁業に与える影響などなど、定量的なものと定性的なものの双方を指標として選択する。

また、基地周辺住民の所得、及び関連市町村の財政収入に与える影響については、以下の経済指標によって調査する。

・所得減に関わる指標は、普天間飛行場の土地所有者の地代、基地内労働者の給与、基地関連産業から得られてきた所得、普天間飛行場関連の政府各種補助金、交付金など。

・所得増に関わる指標は、普天間飛行場の跡地利用による経済効果。例えば、普天間飛行場の返還が実施された後、5年ごとの経済効果を定性的に、可能な限り定量的に予測する。キャンプ・シュワブ周辺の住民・自治体については、各種基地関連収入と基地内外の新たな雇用機会から生まれる収入を予測する。

「基地によって、美しい沖縄の海を破壊してはならない」と主張する人たちの論点については、環境保全の検証項目の中に取り入れていくには相当の知恵が必要となる。基本的には、「できる限りの環境保全措置を講じる」との政治的課題に沿った指標の採択になるが、検証のための指標採択は、政府と沖縄県の間で十分に検討していく必要がある。遺憾ながら、筆者は、本書においては具体的な提案を行うだけの知見を持っていない。

検証の性格

検証は、政府と沖縄県による共同検証とし、その経費は、政府と沖縄県の間で話し合いによって割り振りを決める。それらすべての手続きは公表される。

検証結果は、検証項目ごとに集計された定量的・定性的な調査結果をそのまま公表し、総合評価を取りまとめるようなことはしない。

政府も沖縄県も、共同検証の結果には拘束されないこととする。検証結果が負担増の方向を示すか、負担減の方向を示すかは予断できない。そのどちらとも言えない結果になる可能性もある。一方、調査方法や調査内容、調査結果の完全な公表によって、国民は、沖縄県の「辺野古新基地阻止」が正しいのか、政府の普天間代替施設の辺野古移設・建設によって県民負担が減るとする政策が正しいのか、判断が可能になる。後述のように、この効果は大きいものと予想される。

また、この共同検証は、普天間飛行場代替施設の辺野古移設・建設作業を中止して実施されるべきものではない。

共同検証は、軟弱地盤などの有無を検証するものでもない。SACO最終報告に含まれる米軍基地負担度の透明性を高める趣旨のものである。共同検証によって、辺野古関連作業に影響を与えることは想定されておらず、辺野古沖埋め立て作業などとは別に、独立して実施される。

検証のもたらす効果

検証結果によって、「沖縄県の方に分がある」と判断される場合には、「米軍基地の県民負担軽減実現のための普天間飛行場代替施設として、辺野古移設・建設を進める政府の現計画は見直すべき」とする国民の圧力が高まることになる。

一方、「政府の方に分がある」と判断される場合には、「沖縄県知事は『辺野古新基地反対』の方針を続けることは止め、『条件闘争』の方針、つまり、政府との実質的な話し合い路線に変更すべき」とする国民の圧力が高まることになる。どちらとも言えない場合には、政府は、辺野古移設計画実施の説得を地道に続けていくことが要請される。

国民は、政府と沖縄県が共同検証の実施に踏み切るか否かを注視するであろう。その実施に、双方からの合意が得られない場合は、普天間・辺野古問題に対する国民の関心はさらに低下するであろう。

第四節　提言Ⅲ「地位協定『運用改善』の新方式」

提言の概要

「事件・事故が起きた後で、日米両政府が必要に応じて『運用改善』措置を取る」という受動性を改めていくため、日本側のイニシアティブを高める「プッシュ型運用改善方式」(注4)を導入し、地位協定の枠内で、現行の「運用改善」の「質的な改善」を行う。

「プッシュ型運用改善」の中身

以下のような「運用改善」を提言する

――日米捜査協力の推進

日米捜査当局間で、情報共有の促進を図るための「運用改善」を図る。これは、日本の当局がこれまでに蓄積した諸経験を、日米捜査協力の円滑な推進のために、全体として活かしていくとの趣旨である。

ちなみに、２０１９年４月13日、北谷町で発生した米海軍三等兵曹による女性殺害容疑・自殺事件は、もしも沖縄駐留米軍当局が同兵曹に出していた被害女性への接見禁止令を迅速に沖縄県警に伝えていたならば、事件の未然防止に貢献していた可能性があると言われている。このような日米捜査当局間の情報共有上の欠陥を改善するためには、新たな「運用の改善」が望ましい。

情報共有問題に限らず、政府は、警察当局から広く意見を聴取し、日米間捜査協力の促進について、できる限りの「運用改善」を図るべきである。

――事故処理に関わる現場協力マニュアル化

米軍用機などの事故処理に関わる日米の現場協力について、事前にマニュアル化する「運用改善」を行う。

米軍航空機の墜落事案などの発生に際して常に問題になるのは、日本当局の現場立ち入りの問題である。すでに幾つかの「運用改善」が成立しているが、実際の日米現場協力は必ずしも円滑に行われ

（注４）災害時の「プッシュ型支援」を参考にして、筆者が付けた仮称。「プッシュ型支援」とは、自然災害の発生に際し、国が被災府県からの具体的な要請を待たないで必要不可欠と見込まれる物資を調達し、被災地に物資を緊急輸送するなどの支援。

ていない。政府は、米軍基地所在都道府県から意見を聴取し、「現行の地位協定の枠内で実施可能」と判断されるものを「運用改善」してマニュアル化すべきである。

なお、第四章で紹介した、災害時における沖縄県と沖縄米軍との「相互連携マニュアル」は、「運用改善」の一つのひな形となり得る。

――その他の質的改善

事件・事故の発生に際しての対外公表や捜査・調査の経過公表、再発防止策、米軍基地への立ち入りなどに関連して、現行の「運用改善」措置の質的向上を図る余地は多い。

例えば、米軍基地の中には、周辺住民にとって重要な先祖の墓、信仰の場所であるウタキ（注5）その他の文化財が存在しているところが多く、住民の立ち入りに関する「運用改善」措置も講じられている。

一方、嘉手納米弾薬庫敷地内のチチェーンヌ・ウタキのように、2001年のニューヨーク同時多発テロ以降、住民の自由な出入りができなくなったところもあり、沖縄米軍基地を総点検の上、より自由なアクセスが確保できるように「運用改善」していくべきである。

――「好意的考慮」の修正

1995年10月の刑事裁判手続きの改善（起訴前の拘禁の移転）措置の中にある、「起訴前の拘禁の移転に好意的考慮を払う」の「好意的考慮」という表現を、「できる限りの考慮」あるいは「最大限の考慮」に修正する。

「好意的考慮を払う」という表現は、現在の日本の国民感情に反している。そもそも「好意」の対義語は「悪意」であるが、「悪意的な考慮」は国際協定上あり得ず、また「好意的考慮」はあまりにも曖昧な表現である。

政府側は、NATOの地位協定にも共通する表現であるとして、「好意的考慮」の修正に難色を示す可能性が高いが、地位協定上ギリギリまで許容され得る表現に修正するように、米政府側に対して交渉すべきである。「パンドラの箱を開けることになる」などと、躊躇（ちゅうちょ）する必要はない。「この修正が、日米同盟の長期的維持・発展に貢献する」との論理をつくり上げ、米政府を説得していくべきである。

安倍内閣による新安保法制の整備によっても、ドイツやイタリアのように、日本が集団的自衛権の完全行使に基づく相互防衛条約を第三国との間で結ぶことは、日本国憲法上できない。一方、新安保法制は、現憲法下で認められる集団的自衛権の行使についてギリギリの線を示し、また、安全保障分

（注5）「御嶽」と書く。琉球の信仰における祭祀などを行う施設のこと。

野で日本が世界に貢献する道を広げるために最大の努力をした成果である。安倍内閣はこのことに誇りを持ち、「運用改善」の新方式を米政府に提案する気概につなげていってほしい。

なお、２０２０年は米国大統領選挙の年であり、政府は特にトランプ大統領の関心を持つ駐留米軍経費問題に神経質になっている。この気持ちは分からないわけでもないが、国民は「羹に懲りて膾を吹く」ような政府側の対応を許し難く思うようになってきている。「運用改善」の質的改善について、日本政府は、米政府にも実績を積み重ねていく重要性を理解させるように知恵を出していくべきである。このためにも、沖縄県による協調姿勢が重要になる。

第五節　提言Ⅳ「沖縄県民への特別な配慮」

提言の概要

「本土並みの基地負担」という最終ゴールに到達するまでの間、政府は、沖縄県民に対して特別な配慮を継続する。

提言の背景

沖縄戦末期の大田實海軍沖縄根拠地隊司令官のメッセージ「県民ニ対シ後世特別ノご高配ヲ賜ランコトヲ」の趣旨を、「本土並み基地負担」という最終ゴールに到達するまで、沖縄県に適用し続けるべきである。国民は、沖縄戦後75年近くたった今もなお、沖縄県民に多大な米軍基地負担をかけ続けていることに申し訳なく思う気持ちを忘れず、沖縄の特別措置の継続を政府に求め続けるべきである。

沖縄県内では、政府の沖縄米軍基地対策と沖縄振興策はリンクする／リンクしないといった議論が絶えることがない。一方、沖縄県民に多大な米軍負担をかけている以上、政府が沖縄振興策という財政的措置を通じて、少しでもその埋め合わせをしようとするのは当然のことである。

仲井眞(なかいま)県政下の2013年度政府予算から開始されて10年間継続が見込まれている、沖縄予算3000億円台については、さらに10年間、これに上乗せする方向で継続されるべきである。

沖縄への特別な配慮は、長年にわたる沖縄の自立を促す趣旨において継続されるべきである。特に近年、「地方の再生と自立を目指す努力が、国の将来にとって大きなカギである」という意識が全国的に高まっており、沖縄県民による自主・自立努力は大いに歓迎される。

「本土並み」基地負担の最終ゴールに達したあかつきには、沖縄県に対する米軍基地関連の財政措置は「本土並み」となり、米軍基地に関連する対沖縄特別財政措置はその時点で廃止されるべきである。

第六節　提言Ⅴ「新たな公的枠組みの設置」

提言の概要

政府と沖縄県は、民間の専門家が沖縄の米軍基地問題について、広く議論を行う公的な枠組み「沖縄賢人会議（仮称）」（注６）を共同で設置する。

提案の背景

近年、沖縄の米軍基地問題について、意見の異なる人たちが一堂に会して議論する機会はあまりない。例えば、普天間飛行場の返還と代替施設の辺野古移設・建設に反対する人たちが政府を批判するセミナーや集会が多く開催されることはあっても、一つのセミナーや集会で、辺野古移設反対派と賛成派がお互いに率直な意見交換を行い、合意できる点を見出していこうとする機会は多くない。

一方、政府と沖縄県が直接的には話しにくい沖縄の歴史問題の存在が、沖縄の米軍基地を巡る状況をさらに複雑にさせていることは事実である。そこで、２段階方式を導入する。まず民間の沖縄問題専門家が、「公的な枠組み」において、沖縄米軍基地問題全般について広く自由に意見交換を行い、見解の相違と論点を整理し、それを公表する。次に、それを参考にして、政府と沖縄県が米軍基地問題の前進を図るための対話を行う。

「沖縄賢人会議」の態様

政府と沖縄県はそれぞれ、同数の民間の沖縄問題専門家を選出する。

「沖縄賢人会議」は、米軍基地に関わる課題を広く取り上げ、メンバーによる自由な議論を通じて、各課題の論点を整理する。各議題の設定は、賢人会議の決定に委ねる。年に数回、定期的な会合を開き、最小限年に一度、議論の概要を政府と沖縄県に報告する。

「沖縄賢人会議」は5年間存続する。意見が一致した課題、意見が相違した課題、その相違を狭める可能性の程度などを分かりやすく取りまとめて、議論の概要を公表する。

「沖縄賢人会議」のもたらす効果

意見の異なる専門家たちが一同に会して沖縄問題について自由に議論することを通じ、どこまで相

（注6）第五章で紹介した沖縄歴史認識懇話会の活動を参考にした、筆者の提案である。

互の歩み寄りが可能か、どこが相互理解の限界であるか（注7）を承知することができる。また、賢人会議の議論を通じて、国民は普天間・辺野古問題の存在を身近に思うことが可能になる。その効果は大きい。賢明で知恵もある国民が沖縄問題への関心を深めれば深めるほど、政府と沖縄県の「すれ違い是正」への圧力が高まる。

第五章で取り上げた沖縄県内の「構造的沖縄差別論」と「沖縄イニシアティブ」に代表される「未来志向」との間の溝は、沖縄県内外に存在する大きな溝でもある。どこまでこの溝を狭めることができるかといった問題が、この一例である。

某知事が時として口にする「Aufheben」（ドイツ語。「アウフヘーベン」と発音される。「止揚」の意）は、戦前から大学生がよく好んで使っていた言葉であり、大学時代の筆者もその一人であった。このアウフヘーベンの概念を適用して右の二つの議論の溝を狭めることは可能であろうか。

ここでは弁証法に関わる難しい議論は横に置くが、「Aufheben」という言葉に含まれる「古いものを捨て去るのではなく、古いもののうち、積極的な要素を新しい段階として保持していく」という考え方は、中国やアジアの知恵である「歴史に学び、未来に活かす」と共通していて、日本人にとっても親しみやすい。

「Aufheben」は耳慣れないドイツ語であるがゆえに、日本人に特定の「感情」を連想させない利点を持っている。極めて機微なことであるが、普天間・辺野古問題の対応に当たって、沖縄の方々に沖縄の歴史的体験をAufhebenしていただき、また、それを一歩進め、米軍基地問題に対して「是々非々」

の立場を取って貰うことは可能であろうか、という問題提起である。
「構造的沖縄差別論」と「未来志向」との溝は、「沖縄賢人会議」の重要な議題の一つとなり得る。

「三方一両損」の知恵

筆者は外務省退官後、ある民間会社で4年間ほど勤務する機会を得た。そのとき、「売り手よし」「買い手よし」「世間よし」の「三方よし」という近江商人の心得を知った。これは今なお、日本民間企業の間に生きている知恵である。「三方面」への個別対応のよろしきを得ることができるならば、会社は裨益するという考え方に感心した。

この「三方」ということからヒントを得て、古典落語の一つ、大岡政談「三方一両損」（注8）の知恵を借りて、沖縄県民の米軍基地負担の平準化・均等化を図ることはできないかと考えてみた。例えば、普天間・辺野古問題に「三方一両損」を自動的に適用すれば、政府と沖縄県と本土の都道府県がそれぞれ、新たに「一両の損」を引き受けることによって普天間・辺野古問題を納めるということに

（注7）特に第五章と第七章で取り上げた「構造的沖縄差別論」と「未来志向」を重視する議論との間の相互理解の「限界」を知ることに貢献する。

（注8）大工が落とした3両入りの財布を、左官が拾い、両人が受け取らないので、大岡越前守が1両足して、両人に2両ずつ与えるという落語（広辞苑）。事を円満に収めた幕府高官の知恵を落語のオチにした古典落語である。

なる。これでは、１９９６年のＳＡＣＯ最終報告を衣替えしたにすぎないとして、沖縄県側から納得が得られない。

一方、政府・沖縄県・本土の都道府県の「三者」が協調して、普天間・辺野古問題を含む沖縄県民の米軍基地負担を「本土並み」に軽減するように努力すること、即ち沖縄の日本復帰のときの沖縄県民の願望を実現する努力を開始することは十分可能である。それゆえに、「本土並み」基地負担軽減を当面の新たな国民的課題にすべきである。

ここで「三方一両損」とは、政府にとっては、日米安保体制の長期的維持発展のためにも普天間飛行場代替施設の辺野古移設・建設が沖縄県民の米軍基地負担が現実に軽減するかどうかの検証を沖縄県と共同して行う、新たな基地負担軽減パッケージのとりまとめをすることなどの諸措置を取ること、沖縄県にとっては、「本土並み」基地負担軽減が実現するまでの間、段階的な負担軽減を受け入れること、本土の自治体にとっては訓練移転その他の新たな負担を受け入れること、を意味する。

「三方一両損」を実現するには、政府と沖縄県、政府と本土の自治体、沖縄県と本土の自治体との間の協調関係の樹立とその発展が必要不可欠となる。このためには、全国民の理解と支持が必要であり、市民運動の役割も大きい。

国際情勢は不確実で不透明である。国を挙げて「日本丸」の安全航行を図る必要がある。沖縄県民を含め、日米安保体制の信頼性を高めていくためにも、「三方一両損」によって沖縄県民の米軍基地負担を着実に軽減していくことが重要である。

ウチナーンチュとヤマトゥーンチュ、ともにチバリヨー（がんばろう）！

（付記）「万国津梁会議」の提案――「対話」の共通土壌になるか？

２０１９年４月、沖縄県は、沖縄の未来構築を目的として有識者から意見を聴くため、「万国津梁会議」の設置を公告し、テーマ別に五つの会議を創設した。各会議は、知事の選ぶ５人程度の委員で構成され、議論を踏まえて知事に提言する枠組みである。翌５月、そのうちの一つ「米軍基地問題に関する万国津梁会議」が発足した。日米安保体制、国際政治、沖縄現代史などの７人の民間専門家からなる委員は、４回にわたる議論を経て提言をとりまとめ、２０２０年３月26日柳澤協二委員長から玉城デニー知事に対し提言書が手渡された。

紙面の制約によりここでその詳細を紹介することはできないが、提言の一つは、「辺野古新基地」計画は技術的にも財政面からも完成が困難であるとして、政府に対し普天間飛行場の速やかな危険性除去と運用停止を可能にする方策を検討すべきということであり、政府の政策とは真っ向から対立している。

提言の他の一つは、中期的な課題としての米軍基地の整理縮小であり、米海兵隊の新作戦構想「遠征前方基地作戦」（ＥＡＢＯ）を踏まえた沖縄の海兵隊の本土・外国への分散配置の主張している。ここには政府としても一概に無視できない新たな要素が入っている。
また提言では、対立よりも協調を重視する萌芽が散見される。これは翁長県政下では見られなかった特徴である。

この海兵隊の作戦「構想」については、今後沖縄の海兵隊の実際のプレゼンスにどのように影響を与えるのか、果たして普天間・辺野古問題と関係付けることが可能であるかなど不明な点が多々ある。一方、未確定であってもこうした作戦「構想」を基にして普天間・辺野古問題を議論しようとする「手法」は、政府、沖縄県双方にとっても新機軸になり得る。

さて、記者団からの質問に対して玉城知事は、「提言を基に対話による解決のための会談を菅義偉官房長官に申し入れたい」と述べた旨を3月27日付沖縄タイムスは報じた。これでは、従来の「すれ違い」対話の繰り返しに等しいものであって、新機軸にはならない。

玉城知事には、今後「万国津梁会議」の提案を政府との対話にいかに活かしていくかについて、慎重に検討してほしい。玉城知事が菅官房長官に対し、「辺野古新基地」建設反対を訴える場というよりも、海兵隊の作戦「構想」を政府と共にフォローする場として、対話を望む場合には、政府としても拒否し難いところがあろう。一方、玉城知事として「新基地」反対一点張りではない何か新たな取り組み方を示さないのであれば、早晩政府と沖縄県との対話は不調で終わる運命にある。「万国津梁会議」の提案が政府と沖縄県との対立関係を緩和するための一石を投じたことになるかどうかは、玉城知事の今後の対応如何にかかっている。

おわりに

筆者の那覇在勤中、妻みな子は、第一牧志（まきし）公設市場や壺屋（つぼや）やちむん通りに足しげく通い、数々の沖縄物産を発見しては喜び、また、料理教室で琉球料理を習ったり、読谷村（よみたんそん）の工房に通って当時ニューヨークでしばしば個展を開いていた陶芸家の山田真萬（しんまん）氏から陶芸を習うなど、沖縄の文化や風俗習慣に親しんでいた。また、沖縄の女性や沖縄在住のアメリカの女性との付き合いを通して、各々の立場での難しい問題があることを知ったようだ。私ども夫婦で、または沖縄を訪れてきた親戚や友人たちとともに、何度も沖縄戦跡を訪れ、それまで深く考えてもいなかった沖縄の歴史や、基地、戦争、平和の問題について学ぶことも多かったようだ。

筆者の外務省沖縄事務所離任が近づいた頃、妻は「多くのことを学ぶことができた感謝の気持ちを伝えたい」と、千羽鶴を折り始めた。そして、ひめゆり平和祈念資料館を訪れ、戦没者のご冥福と沖縄の方々のご活躍とさらなる発展をこの千羽鶴に託した。千羽鶴は、資料館の一角に置いていただいた。また、妻は、沖縄滞在の経験を短い寄稿文にまとめた。この寄稿文は、地元新聞に全文を掲載していただいた（「琉球新聞」〔２００３年1月15日付〕）。

那覇勤務中に筆者の言動が地元メディアで報道されるたびに心配をしていた妻は、「（筆者のような）沖縄担当大使ＯＢが、沖縄の方々の気持ちを傷つけるようなことをすべきではない」と、本書を上梓（じょうし）

しようとする筆者に対して、何度も断念するように言い続けた。

筆者は、妻の感じ方や考え方を理解しているつもりである。一方で、沖縄の方々には理想と現実の違いを狭めようとする筆者の「思考回路」を説明したい、本土の方々には平和を祈る沖縄県民の気持ちをより身近なものとして理解して貰(もら)いたい、自分の沖縄担当大使時代の経験を沖縄県内外の方々と分かち合っていただきたい、という強い気持ちを捨てることはできなかった。

本書は、普天間・辺野古(へのこ)問題に関わってきた何人かの政府や沖縄県の責任者の方々については、公人としての言動を実名で説明し、筆者個人の評価を加えている。筆者は、これらの方々の個人的名誉を傷つける意図は全くなく、また、沖縄県民の気持ちを傷つける意図も毛頭にない。すべて、沖縄県と政府が協調して沖縄の将来を前向きに考えていただきたい、という気持ちだけで書いた。

２０１９年10月31日の早朝に起きた首里城大火災は、大変ショックな事故であった。再建を願う県内外の多くの方々から義援金がすぐに送られ、再建を協議する政府の関係閣僚会議に玉城(たまき)知事が出席するなど、国民や政府、沖縄県は、一丸となって再建に向けた動きを活発化させた。当初の沖縄の地元メディアは、政府の迅速かつ積極的な再建支援の姿勢に対し、「これは、普天間・辺野古問題のある沖縄県を懐柔しようとする動きではないか」と、政府の支援受け入れに慎重姿勢を説く沖縄県内有識者の声を何度か報道したが、やがてそうした報道も影をひそめるようになっている。

首里城再建の議論が進む中で、琉球王国文化と歴史を見つめ直す動きが高まっていることを歓迎したい。その一環として、「おもろさうし」の平易な現代語訳作業の加速化、日本文化におけるその位置づけの研究促進の動きが、今後強まっていくことに期待したい。

本土の人たちからすれば、首里城再建に向けた政府の迅速な対応は、評価されこそすれ、疑念を生じさせるものではない。一方、沖縄県内には、政府が何か新たな動きをするたびに、そこに引っかかりを感じ取る特別な意識が持ち上がるように見受けられる。こうした気持ちは、どこから来るのであろうか。「是々非々」「ビジネスライク」という考えは、沖縄の風土に合わないのであろうか。日本の幾つかの自治体には米軍基地が存在している。沖縄の人たちが本土の人たちとともに、沖縄と日本の未来を語り合うことは可能であろうか。ぜひ、政府と沖縄県共同で「沖縄賢人会議」を立ち上げ、こうした問題についても取り上げていただきたいと思う。

本書の上梓に当たっては、特に鎌倉市立御成小学校入学式以来の親友である塩谷隆英氏（元経済企画庁事務次官、元ＮＩＲＡ理事長）、一橋大学同期生の則松久夫氏（元鉄鋼会社勤務）、筆者と同じ文京区根津在住の友人である渡辺浩生氏（ジャーナリスト）のお三方から激励を受け続けた。また、時事通信出版局に大変お世話になり、武部隆代表取締役はじめ、多くの方々の積極的なご協力を得て出版の運びとなったことに深く御礼申し上げたい。

２０２０年５月　橋本　宏

沖縄関連図書

以下は、本書の執筆などに当たって参考にした、沖縄関連の図書である。

1 沖縄の歴史関連

（琉球王国、「沖縄学」）

金城正篤・高良倉吉著『「沖縄学」の父　伊波普猷』（清水書院）

波照間永吉編『琉球の歴史と文化――『おもろさうし』の世界』（角川選書）

高良倉吉著『琉球王国』（岩波新書）

高良倉吉著『アジアのなかの琉球王国』（吉川弘文館）

喜納大作・上里隆史著『知れば知るほどおもしろい　琉球王朝のすべて』（河出書房新社）

（琉球処分）

大城立裕著『小説　琉球処分（上下）』（講談社文庫）

高橋義夫著『沖縄の殿様――最後の米沢藩主・上杉茂憲の県令奮闘記』（中公新書）

（沖縄戦）

仲宗根政善著『沖縄の悲劇――ひめゆりの塔をめぐる人々の手記』（東邦書房）

大田昌秀著『沖縄のこころ――沖縄戦と私』（岩波新書）

八原博通著『沖縄決戦――高級参謀の手記』（中公文庫プレミアム）

小松茂朗著『牛島満軍司令官沖縄に死す――最後の決戦場に散った慈愛の将軍の生涯』（光人社ＮＦ文庫）

川満彰著『陸軍中野学校と沖縄戦――知られざる少年兵「護郷隊」』（吉川弘文館）

三上智恵著『証言　沖縄スパイ戦史』（集英社新書）

大田昌秀著『沖縄の帝王 高等弁務官』（久米書房）

大矢英代 著『沖縄「戦争マラリア」――強制疎開死３６００人の真相に迫る』（あけび書房）

（戦後の沖縄）
琉球銀行調査部編『戦後沖縄経済史』（琉球銀行）
塩谷隆英著『甦れ！経済再生の最強戦略本部――経済企画庁の栄光と挫折からその条件を探る』（かもがわ出版）
大田昌秀著『こんな沖縄に誰がした――普天間移設問題―最善・最短の解決策』（同時代社）
新崎盛暉著『日本にとって沖縄とは何か』（岩波新書）
仲里効・高良倉吉著、読売新聞西部本社文化部編『対論「沖縄問題」とは何か』（弦書房）
櫻澤誠著『沖縄現代史――米国統治、本土復帰から「オール沖縄」まで』（中公新書）
軽部謙介著『ドキュメント 沖縄経済処分――密約とドル回収』（岩波書店）
若泉敬著『他策ナカリシヲ信ゼムト欲ス――核密約の真実』（文藝春秋）
大田昌秀・新川明・稲嶺惠一・新崎盛暉共著『沖縄の自立と日本――「復帰」40年の問いかけ』（岩波書店）
仲村清司著『本音の沖縄問題』（講談社現代新書）
沖縄県総務部知事公室広報課著『復帰30年のあゆみ』（沖縄県）
那覇市文化局歴史資料室編『写真でつづる那覇 戦後50年――1945―1995』（那覇市）

2 日本の戦後史との関連

岡崎久彦著『吉田茂とその時代』（PHP文庫）
リチャード・B・フィン著、内田健三監修『マッカーサーと吉田茂（上下）』（同文書院インターナショナル）
ハワード・B・ショーンバーガー著、宮崎章訳『占領1945～1952――戦後日本をつくりあげた8人のアメリカ人』（時事通信社）
ジョージ・R・パッカード著、森山尚美訳『ライシャワーの昭和史』（講談社）
松本清張著『史観・宰相論』（文藝春秋）
橋本明子著、山岡由美訳『日本の長い戦後――敗戦の記憶・トラウマはどう語り継がれているか』（みすず書房）
大沼保昭著、江川紹子聞き手『「歴史認識」とは何か――対立の構図を超えて』（中公新書）
吉田茂著『回想十年 新版』（毎日ワンズ）

3 日米安保条約・地位協定・日米関係

信夫清三郎著『安保闘争史――三五日間政局史論』（世界書院）
東郷文彦著『日米外交三十年――安保・沖縄とその後』（世界の動き社）
伊奈久喜著『戦後日米交渉を担った男――外交官・東郷文彦の生涯』（中央公論新社）
我部政明著『戦後日米関係と安全保障』（吉川弘文館）
栗山尚一著『日米同盟 漂流からの脱却』（日本経済新聞社）
森本敏・岡本行夫著『日米同盟の危機――日本は孤立を回避できるか』（ビジネス社）
中島琢磨著『沖縄返還と日米安保体制』（有斐閣）
春名幹男著『仮面の日米同盟――米外交機密文書が明かす真実』（文春新書）
船橋洋一著『同盟を考える――国々の生き方』（岩波新書）
田中均著『日本外交の挑戦』（角川新書）
杉田弘毅著『「ポスト・グローバル時代」の地政学』（新潮選書）
添谷芳秀著『日本の「ミドルパワー」外交――戦後日本の選択と構想』（ちくま新書）
川上高司・石澤靖治著『トランプ後の世界秩序――激変する軍事・外交・経済』（東洋経済新報社）
池宮城陽子著『沖縄米軍基地と日米安保――基地固定化の起源1945-1953』（東京大学出版会）
山本章子著『米国と日米安保条約改定――沖縄・基地・同盟』（吉田書店）
山本章子著『日米地位協定――在日米軍と「同盟」の70年』（中公新書）
吉田敏浩著『「日米合同委員会」の研究――謎の権力構造の正体に迫る』（創元社）
河東哲夫・美根慶樹・津上俊哉・塩谷隆英・柳澤協二著『激変の北東アジア 日本の新国家戦略』（かもがわ出版）
琉球新報社編『日米地位協定の考え方 増補版――外務省機密文書』（高文研）
琉球新報社・地位協定取材班著『検証「地位協定」日米不平等の源流』（高文研）
柿崎明二著『検証 安倍イズム――胎動する新国家主義』（岩波新書）

4 沖縄米軍基地問題一般

野里洋著『癒しの島、沖縄の真実』（ソフトバンク新書）

毎日新聞政治部著『琉球の星条旗――「普天間」は終わらない』（講談社）
宮里政玄著『アメリカの沖縄政策』（ニライ社）
大久保潤・篠原章著『沖縄の不都合な真実』（新潮新書）
高良倉吉編著『沖縄問題――リアリズムの視点から』（中公新書）
矢部宏治著『知ってはいけない――隠された日本支配の構造』（講談社現代新書）
高嶺善伸著『沖縄からの報告――基地・経済・地域―地方自治の模索』（琉球新報社）
野村浩也著『増補改訂版 無意識の植民地主義――日本人の米軍基地と沖縄人』（松籟社）
沖縄タイムス社編集局編『これってホント!?誤解だらけの沖縄基地』（高文研）
琉球新報社論説委員会編著『沖縄は「不正義」を問う――第二の〝島ぐるみ闘争〟の渦中から』（高文研）
川瀬光義著『基地と財政――沖縄に基地を押しつける「醜い」財政政策』（自治体研究社）
篠原章著『外連（けれん）の島・沖縄――基地と補助金のタブー』（飛鳥新社）
高橋哲朗著『沖縄・米軍基地データブック』（沖縄探見社）
沖縄探見社編『データで読む沖縄の基地負担』（沖縄探見社）
小西誠著『オキナワ島嶼戦争――自衛隊の海峡封鎖作戦』（社会批評社）
沖縄県知事公室地域安全政策課著「平成27年度　地域安全保障に関する県民意識調査」（沖縄県）
「平成27年版　防衛白書」（防衛省）
「平成27年版　外交青書」（外務省）
仲村清司著『本音の沖縄問題』（講談社現代新書）

5　普天間・辺野古問題

大田昌秀著『沖縄、基地なき島への道標』（集英社新書）
大田昌秀著『こんな沖縄に誰がした――普天間移設問題―最善・最短の解決策』（同時代社）
小川和久著『この1冊ですべてがわかる　普天間問題』（ビジネス社）
森本敏著『普天間の謎――基地返還問題迷走15年の総て』（海竜社）
守屋武昌著『「普天間」交渉秘録』（新潮社）

翁長雄志著『戦う民意』（角川書店）
竹中明洋著『沖縄を売った男』（扶桑社）
高嶺善伸著『沖縄からの報告——基地・経済・地域—地方自治の模索』（琉球新報社）
新崎盛暉著『日本にとって沖縄とは何か』（岩波新書）
三山喬著『国権と島と涙——沖縄の抗う民意を探る』（朝日新聞出版）
玉城デニー著『デニー知事激白！ 沖縄・辺野古から考える、私たちの未来』（高文研）
琉球新報「日米廻り舞台」取材班著『普天間移設 日米の深層』（青灯社）
宮城康博・屋良朝博著『普天間を封鎖した4日間——2012年9月27〜30日』（高文研）
篠原章監修『報道されない沖縄基地問題の真実（別冊宝島2435）』（宝島社）
小川和久著『この1冊ですべてがわかる 普天間問題』（ビジネス社）
新外交イニシアティブ編『辺野古問題をどう解決するか——新基地をつくらせないための提言』（岩波書店）
新しい提案実行委員会編『沖縄発 新しい提案——辺野古新基地を止める民主主義の実践』（ボーダーインク）

6 沖縄文化、沖縄の未来、メディア、その他

岡本太郎著『沖縄文化論——忘れられた日本』（中公文庫）
大田昌秀著『醜い日本人——日本の沖縄意識』（岩波現代文庫）
大城常夫・高良倉吉・真栄城守定著『沖縄イニシアティブ——沖縄発・知的戦略』（おきなわ文庫）
琉球新報社・新垣毅著『沖縄の自己決定権——その歴史的根拠と近未来の展望』（高文研）
森口豁著『紙ハブと呼ばれた男——沖縄言論人 池宮城秀意の反骨』（彩流社）
翁長雄志・寺島実郎・佐藤優・山口昇・朝日新聞取材班著、朝日新聞出版編集『「沖縄と本土」いま、立ち止まって
考える 辺野古移設・日米安保・民主主義』（朝日新聞出版）
仲里効・高良倉吉著、読売新聞西部本社文化部編『対論「沖縄問題」とは何か』（弦書房）
國場幸之助著『「沖縄保守」宣言——壁の向こうに友をつくれ』（ケイアンドケイプレス）
宮里政玄著『沖縄VS.安倍政権——沖縄はどうすべきか』（高文研）
橋下徹著『沖縄問題、解決策はこれだ！——これで沖縄は再生する。』（朝日出版社）

佐藤優著『沖縄と差別』（金曜日）
琉球新報社編集局編著『これだけは知っておきたい　沖縄フェイク（偽）の見破り方』（高文研）
安田浩一著『沖縄の新聞は本当に「偏向」しているのか』（朝日新聞出版）
仲新城誠著『偏向の沖縄で「第三の新聞」を発行する』（産経新聞出版）
仲新城誠著『翁長知事と沖縄メディア――「反日・親中」タッグの暴走』（産経新聞出版）
「琉球新報」電子版
「沖縄タイムス」電子版
真藤順丈著『宝島』（講談社）
仲新城誠著『翁長知事と沖縄メディア――「反日・親中」タッグの暴走』（産経新聞出版）

7　オーラルヒストリー、回顧録など

岸信介著『岸信介回顧録――保守合同と安保改定』（廣済堂出版）
屋良朝苗著『屋良朝苗回顧録』（朝日新聞社）
稲嶺恵一著、琉球新報社編『我以外皆我が師――稲嶺恵一回顧録』（琉球新報社）
五百旗頭真・宮城大蔵編『橋本龍太郎 外交回顧録』（岩波書店）
「政治家橋本龍太郎」編集委員会編『61人が書き残す　政治家　橋本龍太郎』（文藝春秋企画出版部）
中曽根康弘著、中島琢磨・服部龍二・昇亜美子・若月秀和・道下徳成・楠綾子・瀬川高央聞き手『中曽根康弘が語る戦後日本外交』（新潮社）
折田正樹著、服部龍二・白鳥潤一郎編『外交証言録湾岸戦争・普天間問題・イラク戦争』（岩波書店）
五百旗頭真、伊藤元重・薬師寺克行編『岡本行夫――現場主義を貫いた外交官　90年代の証言』（朝日新聞出版）
大河原良雄著『オーラルヒストリー 日米外交』（ジャパンタイムズ）

沖縄県の米軍基地

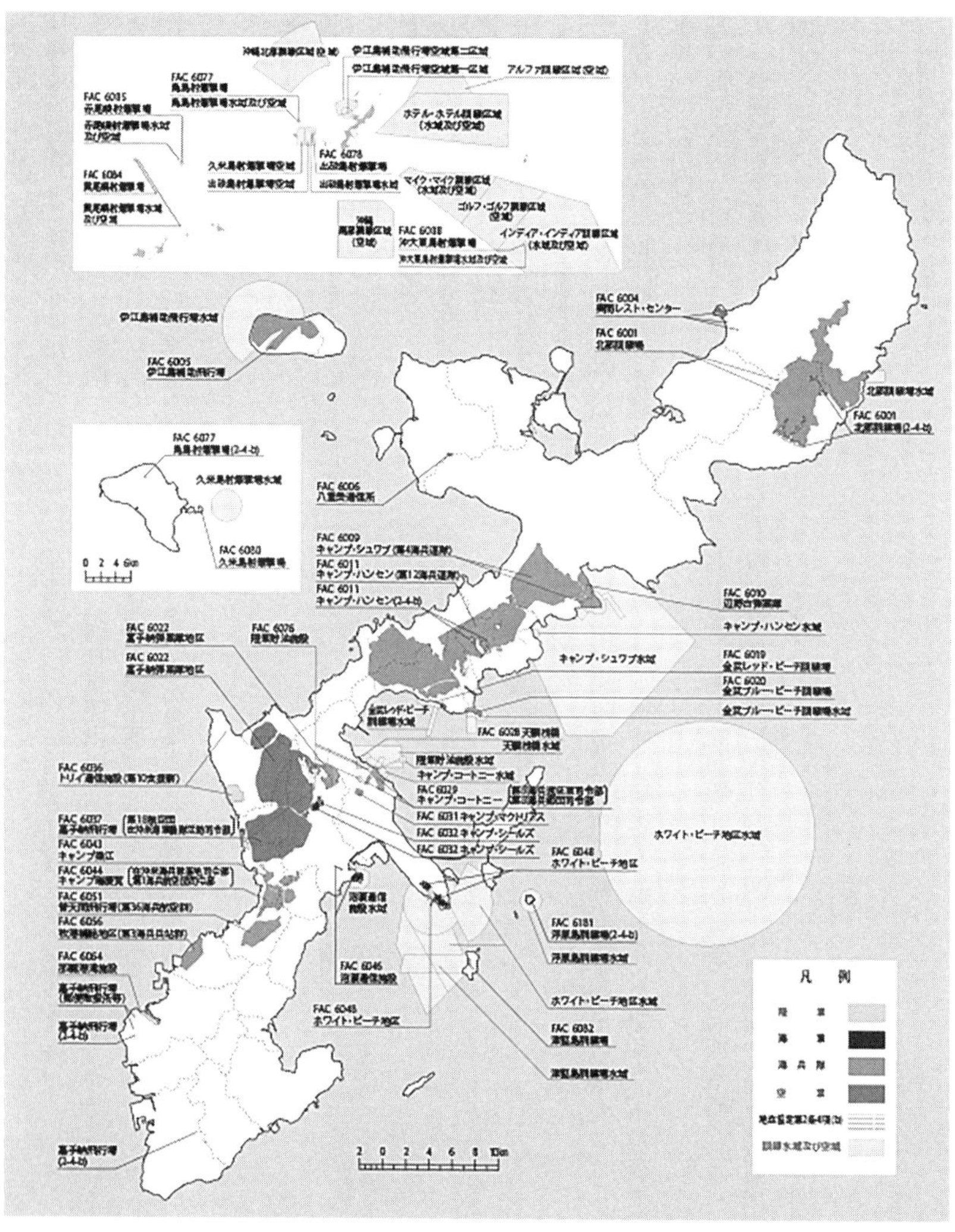

出典：「沖縄から伝えたい。米軍基地の話。Q&A　Book」（沖縄県）

沖縄県の米軍基地の規模

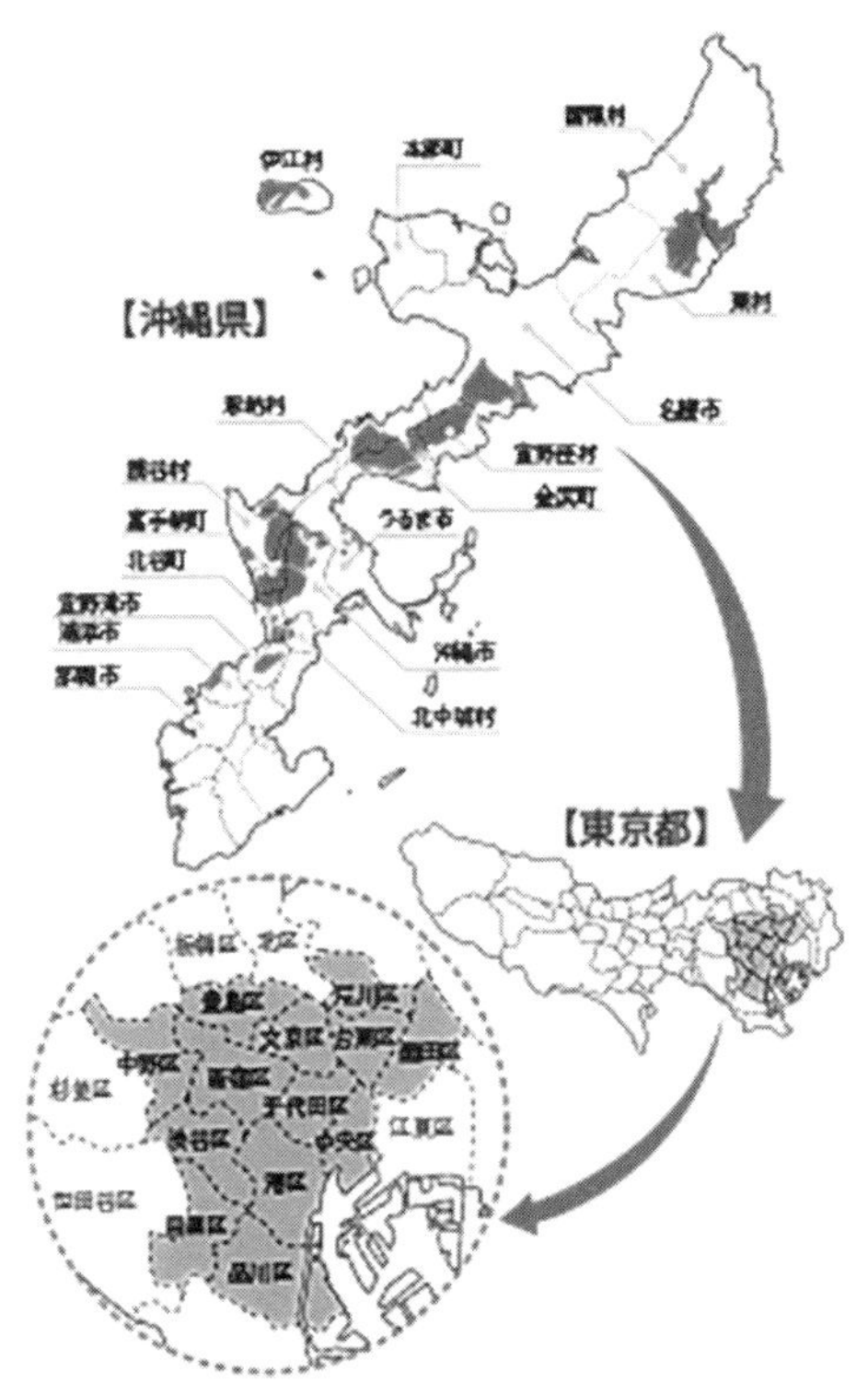

※東京23区のうち色塗りの部分の13区の面積は約1万8701ヘクタール。

出典：「沖縄から伝えたい。米軍基地の話。Q&A　Book」（沖縄県）

【著者紹介】
橋本　宏（はしもと・ひろし）

1941年東京生まれ、鎌倉育ち。1964年に一橋大学法学部卒業後、外務省入省。在モスクワ、ロンドン、ワシントンなどの日本大使館の勤務を経て、1998年から駐シンガポール大使、沖縄担当大使、駐オーストリア大使などを歴任し、2004年に退官。その後、伊藤忠商事株式会社顧問、XL保険東京首席駐在員を歴任。（公財）日本ユニセフ協会、（一社）日本シンガポール協会、（公財）日本国際フォーラムの活動にも従事。2016年から2018年まで、私的ボランティア組織「沖縄歴史認識懇話会」を立ち上げ、沖縄米軍基地問題について啓蒙活動を展開。現在は文筆・講演活動を通じて沖縄の問題に携わっている。故橋本龍太郎総理大臣の従弟。

普天間飛行場、どう取り戻す？
対立か協調かの選択肢

2020年5月30日　初版発行

著　　者　橋本　宏
発 行 者　武部　隆
発 行 所　株式会社時事通信出版局
発　　売　株式会社時事通信社
〒104-8178　東京都中央区銀座5-15-8
電話03(5565)2155　https://bookpub.jiji.com/

装　　幀　出口　城
印刷・製本　モリモト印刷株式会社

ISBN978-4-7887-1701-5　C0031　Printed in Japan